景观设计是以土地为依托，以时间为脉络，以自然自我管理为特征，以使用者的体验为论证依据的现代科学，它构建着一切生命的和谐共存关系。

——安建国

感谢李迪华的指导校正，感谢何春玲、陈希、殷学文、路露以及北京大学景观设计学研究院2010级和2011级研究生的文字校对。祝愿中国景观教育事业蓬勃发展，感谢各界朋友的鼎力支持！

——安建国

景观设计学教育参考丛书（七）

法国景观设计思想与教育

——“景观设计表达”课程实践

安建国 方晓灵 著

FAGUOJINGGUANSHEJISIXIANGYUJIAOYU

内容简介

本书借鉴对法国景观发展脉络和景观教育思想的研究，通过在中国北京大学深圳研究生院“景观设计表达”课程的教学实践，寻求新的符合中国国情的现代景观教育之路。

该书由两大部分组成，即“理论思想”和“教育实践”。“理论思想”部分从景观史学的角度，系统介绍了欧洲景观的发展历程。“教育实践”部分介绍了20世纪60年代后的法国景观发展动态，从教育的角度引导借鉴法国成功的景观教学和实践经验。

本书所提到的教育方法并不是模块化的研究，而是让学生通过对现代景观设计所包括的时代性元素、科学元素、社会元素、政治元素、经济元素、历史元素、艺术元素、哲学元素等的综合理解来因地制宜地、适时地研究景观和景观设计。

本书为中国的景观设计学教育工作者提供了有益借鉴，可作为景观设计、景观规划、城市设计、城市规划、建筑学等专业师生及研究人员的参考读物。

总 序

景观设计学是对土地及土地上空间和物体所构成的地域综合体的分析、规划、设计、改造、管理、保护和恢复的科学和艺术。景观设计学尤其强调对土地的监护与设计，是一门建立在广泛的自然科学和社会科学基础上的综合性较强的应用学科，与建筑学、城市规划、环境艺术等学科有着紧密的联系，并需要地理学、生态学、环境学、社会学等诸多学科背景的支持。

在我国城市迅速发展的背景下，景观设计学所承担的责任显得愈发重要。在城市建设如火如荼的情况下，在几千年来未有的发展机遇面前，我国正面临着同样严峻的挑战。由于长期以来片面追求经济发展，我国显现出日益突出的人地关系危机。值得庆幸的是，近些年来党中央清醒地认识到所存在的问题，及时做出转变，明确提出科学发展观，强调人与自然和谐共存的可持续发展理念。在党的十七大文件中，更是明确提出生态文明的重要性。在这样明智的宏观政策的指引下，面对仍然严峻的生态灾难，景观设计学作为协调人与自然的关系，全面而系统地解决人地危机的学科，需要也应当承担起时代赋予的使命。因此，我国的景观设计专业人才也愈发重要。培养适应我国当前需求的景观设计专业人才刻不容缓。

然而，总体来说，我国当代的景观设计学教育还处于初级阶段，学科建设与教学体系还很不完善。各学校之间各自独立，没有形成相对统一的教学模式和教育体系。这对于我国景观设计学学科的发展和人才的培养显然是不利的。

面对如此的趋势与需求，以北京大学为首的各高等院校相继开设景观设计学专业，学科教育联盟初见雏形，教学体系也在探索中逐步走向完善。在各高等院校大力支持与配合下，北京大学景观设计学研究院在吸取国外学科建设模式经验的基础上，逐步探索出一套适应于我国国情的景观设计学专业与学科教育体系。为了促进我国景观设计学科的发展，为国家培养和输送更多有用的专业人才，北京大学景观设计学研究院牵头联合各院校推出景观设计学教育系列丛书。本套丛书收录了优秀的景观设计学课程教学案例，旨在为我国景观设计学专业教育提供更新更完善的思路，为开展相关专业的各院校搭建广阔的交流平台，使学科得以良好健康地发展，为我国构建可持续发展的和谐人地关系贡献更多专业之才。

俞孔坚

序言一

毫无疑问，景观的质量对于日常生活的各个层面来说都是非常重要的。当我们谈及景观时经常涉及人活动的地方（一个景点、我们周边的生活环境、一个生态系统），涉及一种表达（绘画表现、文字、照片等），涉及内在的不可见的交流，甚至是我们在景观中呼吸的感觉和我们将要体会的变化。因此，在我们面前的不是一个独立的景观，而是多个景观的综合体。景观的变化源于不同的年龄、不同的使用者、不同的职业、不同的工作方式、不同的教育背景、不同的母语和不同的浏览方式。一个固定的形象和一个抽象的现实状态不是一回事，我们可以用速写和表格的形式表现出一个固定的景观形象，用理性的统计方式表现出人流的数据，设计一个绿篱的造型，建立一个观景台，监控水流状况，设计盛夏的休闲漫步路线，处理垃圾的方式等。但是，我们还会经常体会到日常生活中抽象的场景，如：我们彼此擦肩而过的状态和感受、每一个人用不同的方式诠释着同一个现实、针对同一个场景每一个人有不同的想象和不同的日常行为方式等。

特别是，景观与我们的存在方式不可分割！我们如何走路？停在哪儿？停下来后朝向哪儿？真实空间中的景观经常与脑海中的形象不同，也许你想重新走一遍你来的路。这些非常具体的感觉产生在从足底的感觉到视域范围的界定中，从对身体的尺度到对整体空间的理解，而景观的质量同样取决于属于这个空间的空气、水、土地、资源、风能、潮汐能、我们可能活动的方式和束缚我们活动的东西。景观的质量还取决于空间周边元素的协调，取决于其他的使用者，取决于其他的生命（那些生命挣扎在被人类占有并独享的地方）。大多景观设计停留在视觉效果的构建上或效果图的表现上，一个真正的景观是延续的和丰富的生命群体，一个景观的构建解释着我们在这个世界中的关系，构建着地球人活着的感觉。

今天，作为景观设计师，我认为有三个值得关注的层面即现实、诠释和交流层面贯彻于经济、社会、生态的可行性和可持续性发展背景之中。我们只有通过对这3个层面意识形式的认知，启发形式的认知和不同投入方式的认知获得一个可以共同分享的和谐生活。

艺术史和园艺史鉴证了中法交流源远流长。这些交流的成功总是离不开那些旅居海外的学者和学生，他们反思和传播着他们的所见所闻、他们的理解、他们学习的种子和他们学习的收获。今天，由于国际教育的互动发展使学生能够深入具体地学习研究异国文化。中国艺术家安建国来到法国深造景观设计，通过其亲身体会和技术实践深入了解法国文化和艺术。同样，他也给法国带来了他的知识和他关于城市景观设计学的革新思想。

这本著作展示了两方面内容：一方面是中法文化交流的硕果，另一方面是安建国的教学提示着复合知识体系在景观教育中的相互推动作用及其重要性。

卡特林·格鲁[1]

1 卡特林·格鲁：安建国的导师，法国著名的艺术理论和景观理论学家、教育家，已有十多部著作以不同语言出版，其中《艺术介入空间》和《重返风景》由中国台湾远流出版社译成中文。她通过抽象而又具体的肢体感知研究将景观学研究推向了新的阶段和高度，她是法国当代引导景观理论进步的代表人物。

Preface 1

La qualité du paysage est sans doute cruciale pour la vie quotidienne et ce, à plusieurs niveaux. Le paysage correspond en même temps à une réalité fréquentée (un site, ce qui nous environne, un état écologique), à une interprétation (une représentation picturale, écrite, photographique, etc.) et à un échange intime et corporel lié à notre respiration et à notre devenir. Il n'y aurait donc pas un paysage mais des paysages. Ceux-ci diffèrent selon les âges et les usages, la profession, le travail et l'éducation, la langue maternelle et les voyages. Ce n'est pas la même chose de le considérer comme une image fixe ou une donnée abstraite, traitée en croquis, schémas et statistiques que de tracer un passage, tailler une haie, construire une plateforme, surveiller la présence de l'eau, s'y promener un jour de fin d'été, veiller aux déchets, etc.. Nous le savons bien puisque dans la même journée nous passons de l'un à l'autre, de la représentation à la réalité, de l'imaginaire aux actes d'entretien quotidiens.

Surtout, le paysage est indissociable de notre manière d' être, comment nous marchons et nous arrêtons quelque part, comment nous nous orientons dans un lieu, un territoire. Il n' est pas le même si nous le considérons comme ce qui est en face de nous, ou comme ce qui nous entoure, faisant qu' on peut aimer se retourner pour voir d' où l' on vient. Il se développe dans une relation très concrète avec ce qui nous environne depuis la plante des pieds jusqu' aux limites de notre vision du proche au loin, à partir du volume de notre corps plongé dans le monde et où nous respirons tous. Sa qualité dépendra ainsi de la qualité de l' air et de l' eau, du sol et des aliments, de la force du vent et des marées, de notre mobilité possible ou entravée. Elle dépendra aussi de la présence consentie à d' autres, d' autres personnes, d' autres êtres vivants ou de notre désir d' appropriation d' un coin pour nous seuls, excluant certains de ce coin. Ainsi, plutôt que de concevoir le paysage comme ce que nous regardons en distance ou ce que nous dessinons en deux dimensions, il s' agit de le vivre comme un milieu complexe en lequel nous sommes plongés. Le paysage correspond aussi à une manière d' exprimer notre relation au monde, comment à un moment donné nous nous sentons vivre en tant que terriens sur une planète qui nous accueille à notre naissance.

Aujourd' hui, être paysagiste implique, me semble-t-il, une prise en compte des trois éléments évoqués plus haut réalité, interprétation et échange tout autant que des conditions de faisabilité et de durabilité économie, société, écologie . Cela ne peut se déployer qu' avec une connaissance de ses gestes, de ses aspirations et de son engagement personnel dans le monde pour une qualité de vie partagée.

Des échanges entre la Chine et la France ont lieu depuis très longtemps. L' histoire de l' art et de l' art des jardins en témoigne. Cela passa toujours par des personnes qui voyageaient, qui allaient d' un pays à l' autre, étudiant, s' interrogeant et transmettant leur rencontre avec des récits, des représentations et parfois des graines et des recettes. Aujourd' hui l' enseignement fait partie de ces possibilités d' échanges réciproques lorsque des étudiants étrangers sont accueillis dans un cursus universitaire. Le peintre An Jianguo est venu en France pour apprendre ce qui se faisait en paysage, à la fois en termes de manières de faire et de techniques et en termes de connaissances culturelles et artistiques. Réciproquement, il a apporté son savoir et son besoin de considérer le paysage dans le renouvellement du cadre de vie urbain.

Cet ouvrage témoigne de ces deux aspects, celui de la richesse d' échanges et celui d' engage ments concernant l' importance plurielle et cruciale du paysage.

Catherine GROUT

序言二

历史证明通过不同文明之间的碰撞往往能够促进其相互之间最大的进步。尤其是在今天全球化的时代，虽然经济、习俗、文化在表面形式上趋向统一化，但仍然潜藏着民族之间的相异之处和沟通障碍。这个现象同样存在于景观思想和实践当中。今天在欧洲和中国出现的城市化进程，导致了大量的毁坏和无序的建设，还有与之同时产生的环境问题。当然，早在18世纪，东西方之间就曾经存在有意义的交流。但是在这个时代之后，建立在东西方不平等的技术和军事水平上的交流，将不公平、歧视和破坏强加于东方，导致知识和技术的传播失去平衡。因此在景观领域和其他与人类活动有关的领域，重新寻找平衡，或许是一次重拾被打断对话的机会。这就需要一些“使者”，也就是说需要一些努力走出自我、向他人迈出步子的专业人士来担任这一对话的使者。这就是今天安建国和方晓灵两位作者所扮演的角色。

安建国，曾就学于中国鲁迅美术学院，并在法国里尔国家高等建筑景观设计学院深造，获得法国国家注册景观设计师资格。此后通过在法国南部蒙彼利埃市建立自己的景观事务所，开始了丰富的职业生涯。同时他还在法国尼姆国立美术学院和中国北京大学景观设计研究院执教。从2003年至今，他组织了大量的中法文化交流活动，如：2003年，中国鲁迅美术学院、中央戏曲学院、法国尼姆国立美术学院、塞尔瑞国立艺术学院、巴黎国立工业造型学院之间的文化交流；2005年促进中国鲁迅美术学院和法国尼姆国立美术学院等美院成为友好学院，等等。

方晓灵，这位中国景观建筑师来到法国之后，首先获得了由巴黎莱维莱特国家高等建筑学院和巴黎索邦一大联合颁发的巴黎“花园、景观、地域”景观硕士文凭。此后在本人和奥古斯汀·贝克教授（Augustin BERQUE）的联合指导下，开始了题为“中法景观教育”的博士论文研究工作。在这期间，她还参与了欧盟Asailink项目的管理和组织工作，此项目旨在促进法国巴黎莱维莱特国家高等建筑学院、英国伦敦巴特莱特建筑学院、中国天津大学建筑学院、中国重庆大学建筑城规学院四校之间的景观教学交流。与此同时她还在凡尔赛国家高等景观学院继续深造，并追随法国“新景观”领域之父——杰克·西蒙（Jacques SIMON），从事景观和艺术创作活动。

安建国和方晓灵精通法国甚至欧洲背景文化，他们是向中国景观业传播和解释法国今天景观实践和思想背景（包括审美、地理学和景观中的生态运用等知识）的最佳人选。他们向大家推出的合作著作《法国景观设计思想与教育》是一项非常有价值的研究成果。毫无疑问，他们的这一工作将会在不久的将来产生深远的影响。

让-皮埃尔·勒·当戴克[1]

1 让-皮埃尔·勒·当戴克：建筑师、工程师、历史学家、作家。法国建筑国立高等学院名誉教授和研究员，巴黎莱维莱特国家高等建筑学院院长，“建筑、风土、景观”研究所所长，卢瓦尔河肖蒙花园（Chaumont-sur-Loire）的负责人之一。

Preface 2

L' Histoire le démontre: c' est à travers les contacts mutuels que s' effectuent, entre les différentes civilisations, les avancées réciproques les plus remarquables. Surtout aujourd' hui, dans une ère de globalisation où, si l' économie, les mœurs et la culture tendent en apparence à s' unifier, de profondes différences et imcompréhensions subsistent entre les peuples. Ainsi en va-t-il de la pensée et de la pratique du paysage – un des enjeux les plus brûlants de notre temps où l' urbanisation accélérée génére des destructions/constructions et des problèmes environnementaux - en Europe d' une part, et en Chine de l' autre. Certes, des échanges importants ont eu lieu à ce propos au XVIIIème siècle. Mais après ce moment exceptionnel, l' échange inégal, fondé sur la dissymétrie des puissances technologiques et militaires entre l' Occident et l' Orient, s' est imposée avec son cortège d' injustices, de mépris et de dégradations que les transferts de savoirs et de technologie ont été loin de contrebalancer. Aussi le rééquilibrage en cours offre-t-il, en matière de paysagisme comme dans les autres domaines de l' activité humaine, une occasion nouvelle de reprendre un dialogue interrompu. Encore faut-il qu' existent des «passeurs», c' est-à-dire des spécialistes ayant fait l' effort d' un déplacement vers l' Autre.

Tel est le cas de Jianguo An et de Xiaoling Fang.

Après des études à l' Ecole nationale supérieure des Beaux Arts de Luxun, Jianguo An a obtenu un diplôme de paysagisme à l' ENS d' architecture et du paysage de Lille. Ayant créé sa propre agence dans le Sud de la France, à Montpellier, il développe une activité professionnelle très riche tout en s' investissant dans l' enseignement, tant en France (l' école supérieure des Beaux Arts de Nîmes) qu' en Chine où il est professeur invité à l' école national supérieur de paysage de Pékin. Depuis 2003, il participe à nombreuses activités dans le cadre d' échanges culturels entre la Chine et la France. Citons :à 2003, échanges culturels entre l' école nationale supérieure des Beaux Arts de Luxun (ENSBL), l' école supérieure des beaux-arts de Nîmes (ESBN), Villa-Arson à Nice, l' école supérieure d' art de Cergy Pontoise et l' école nationale de Création industrielle de Paris ; à 2005, l' ENSBL est jumelée avec l' ESBN etc.

De son côté, Xiaoling Fang, architecte et paysagiste chinoise venue en France pour obtenir le DEA « Jardins, Paysages, Territoires » co-décerné par l' ENS d' architecture de Paris-la-Villette et l' Université Paris I-Sorbonne, s' est engagée dans une thèse de doctorat (PHD), dirigée par moimême et Augustin Berque - thèse ayant pour objet l' étude comparée des enseignements actuels du paysage en France et en Chine, Xiaoling Fang a participé aux échanges réalisés pendant 3 ans sur ce thème, dans le cadre du projet « Asialink » financé par la communauté européenne, entre les départements (enseignement + recherche) concernés de l' ENS d' architecture de Paris-la-Villette, de la Bartlett londonnienne et des universités de Tianjin et de Chongqing, tout en suivant les cours de l' ENS du paysage de Versailles et en apprenant auprès d' un des « pères » du renouveau du paysagisme français, Jacques Simon.

Aujourd' hui, forts de la connaissance du contexte français (et, plus largement, européen), Jianguo An et Xiaoling Fang sont excellemment placés pour faire connaître et expliquer au public chinois spécialisé les fondements de la pratique actuelle du paysage et du paysagisme en France: s' y croisent l' esthétique, la géographie et l' écologie appliqués au paysage.

Nul doute que l' ouvrage qu' ils proposent conjointement aujourd' hui sous le titre L' enseignement et la pratique du paysage en France est un travail précieux, appelé à produire des fruits à court, moyen et long termes.

Jean-Pierre Le DANTEC

前　言

此书是一份献给中国景观设计学科师生的心得体会。第一部分“理论思想”由方晓灵著，第二部分“教育实践”由安建国著。

景观设计的英文是“landscape architecture”，land 是土地，scape 是景色，architecture 在此不是建筑之意，而是构建之意。landscape architecture 完整的意思是大地的景色构建。景观的法文是“paysage”，pays 是国家或地区及其居民，sage 是智慧的。paysage 完整的意思是智慧的土地和生活在其上的居民（安建国对该词义的解读）。近年来，为了区别景观设计和园林设计，法国学术界经常说“architecture paysager”，即构建智慧的土地与和谐社会的意思。而“园林的”在法语中为“jardiner”，该词在拉丁语词根中的意思是“天堂—上帝的花园”。园林设计师法语译成“jardiniste 或 jardinier paysagiste”。景观设计师法语译成“paysagiste DPLG”或“architecte-paysagiste”。景观设计在汉语字面含义中很容易将人们误导至设计观看风景的层面上来。无形当中我们将观者和景观分裂开，变成了欣赏与被欣赏的关系，而在这个学科名词上，我们所说的“景”有土地构建之意，我们所说的“观”有关注、观赏和体验之意。

景观的形成是通过对景观的研究过程和实践过程完成的。景观与景观设计是人类生活与自然进化的交汇点，它借助政治、经济、科学技术和使用者抽象的肢体感知进行着自我演绎。然而，目前景观设计的诸多问题来源于人类活动的介入，在这个介入过程中，景观设计协调着自然与人居环境、文化与人类社会的关系。本书重点讨论景观设计思想理论和设计教育的方法，阐述构成现代景观设计学的基本元素。

视觉传达设计不能囊括景观设计的研究范畴，景观设计总是通过在景观之中的参与者（或使用者）的主观意识和瞬间（有时偶然）感受而获得对景观更丰富的解读。景观中参与者的主观意识拓宽了简单的视觉表现内容，现代景观设计的研究内容既包括环境形象本身（植物造型及其季节色彩变化、公共艺术品、地表起伏的塑造和地域形象特征的保留等），也包括环境所带来的心理感受。贝利高（Périgord M）在《法国景观》(《Le paysage en France》）中提到："如果说一项景观设计能让人获得更多的联想和精神满足，那是因为景观本身的具体形象构建了通向精神层面既具个性又具共性特征的思想延续的桥梁。"景观设计的真实意义既不是设计对象本身，也不在设计主题之内，是景观设计对象与设计主题之间的相互作用和相互影响创造了景观，是具体形象和抽象心理感受之间的碰撞延续了景观。现代景观的创造处于空间与时间的游戏之中，处于物质化建设和精神化构建的平衡之中。

景观设计不是目的，它只是手段。法国现代景观设计思想趋向于用后现代主义文化重建景观，这种后现代主义文化基于文化与情感的构建，其代表人物包括Bernard Lassus，Gille Clement，Jean Marc Besse，Michel Corajoud，Jacque Simon，Catherine Grout，Pierre Donadieu，Gille Tiberghien，Jaque Sgard，Bertrand Folléa，Jean-Louis Tissier，Michel Onfray，Gérard Chouquer和Michel Périgord等。他们倡导对景观的理解应从依托景观的土地开始，景观在那里可能得到创造和解脱。

现代景观设计教育在中国刚刚起步，本书借鉴对法国景观发展脉络和景观教育思想的研究，通过在中国北京大学"景观设计表达"课程的教学实践，寻求新的符合中国国情的现代景观教育之路。但本书所提到的教育方法并不是模式化的研究，而是让学生通过对现代景观设计所包含的时代性元素、科学元素、社会元素、政治元素、经济元素、历史元素、艺术元素和哲学元素等的综合理解来因地制宜地、适时地研究景观和景观设计。

安建国

目 录

001 第 1 章 理论思想

001 1.1 概述

001 1.1.1 景观概念及其演变

003 1.1.2 景观文明的产生与演变

008 1.2 从“遗产”概念到“景观”概念

012 1.3 从实证地理学到文化地理学

017 1.4 从审美意识到生态意识

033 1.5 从花园尺度到星球尺度

049 第 2 章 教育实践

049 2.1 近代法国设计思想的演变

049 2.1.1 20世纪法国的设计思想

065 2.1.2 21世纪法国的设计思想

074 2.2 景观专业人才教育体系
081 2.3 教育思想
081 2.3.1 关注连续的时间和生态演化过程
087 2.3.2 关注使用者
091 2.3.3 关注人以外的景观元素
095 2.3.4 关注过渡景观设计
097 2.4 知识体系
097 2.4.1 自然科学
105 2.4.2 环境空间（对空间尺度的理解）
113 2.4.3 艺术（人与空间的感受和沟通）
129 2.5 方法逻辑
131 2.6 “景观设计表达”课程实践
135 附录1
149 附录2

159 名词解释
164 景观大事记
167 英汉翻译对照
171 主要参考文献
彩插

第1章 理论思想

1.1 概述

1.1.1 景观概念及其演变

法语“paysage”一词由两部分组成：“pays”和“age”。pays来自拉丁语pagus，指一个有界限的地域，特指“下帝国”（Bas-Empire）的农村。

那么是通过什么方式，“Pays”（地域）转变成了“Paysage”（景观）？法国著名景观理论家、哲学家和作家阿兰·罗歇（Alain Roger）[1]在解释“pays-paysage”词汇构成方式时说：“地方（pays）变成景观（paysage）的方式只有一种，那就是直接或者间接‘艺术化’（artialisation）过程。”与景观一词相似的构成方式几乎存在于所有欧洲语言里：英语“land-landscape”，德语“land-landschaft”，荷兰语“land-landschap”，意大利语“paese-paesaggio”，西班牙语“pais-paisaje”，还有现代希腊语“topos-topio”。但是相似的词汇构成方式，并非指景观一词在每种语

1 阿兰·罗歇，“地方-景观”，《变化——50个景观词汇》，法国拉维莱特出版社，1999，78页。

言里的起源和演变过程是相同的。

大部分的欧洲国家同时存在两种景观思维，这与景观一词的两种词源（拉丁语系和日耳曼语系）及其不同的演变过程有关。

在北欧，8世纪末，首先在日耳曼语系的德语中出现“landschaft”一词，意思指地域中的一部分，即真实存在的大地的一部分。直到文艺复兴时期，由于风景画的出现，从“landschaftesbild”（picture of the landschaft，风景画）一词获得风景画的衍生意。在此基础上演变成英语“landskip”（1598），最终又演变为现代英语“landscape”（1603）。而在南欧，拉丁语系景观一词的演变逻辑正好相反。词根“paese”在1481年的意大利，指一个地方的绘画表现。而法语“paysage”（1598，古法语为：pésage）一词是由16世纪的画家创造的一个新词，指风景画，先于意大利语“paesaggio”（1552）出现，继而在西班牙语中演变成“paisaje”，在葡萄牙语中演变成“paysagem”。

景观一词的两种起源和演化路线（一种是先有真实存在的事物，一种是先有事物的绘画表现）揭示了两种关注景观的方式：一种关注被表现的事物，另一种则关注对事物的表现。这两种方式在欧洲并存，并导致了后来在景观学科中出现两种研究倾向：文化审美景观和自然生态景观。

在近25年里，欧洲大陆国家比英美国家更关注景观的历史问题。而景观的另一幅面孔，即作为地域部分的物质普遍性则成为地理学等学科领域的重要特点，特别在德国出现了“landschafskunde”（景观科学）一词。

在后半个世纪里，景观一词在欧洲国家政治中的使用与以前有所不同。在19世纪末，大多数国家已经确立关于保护重要基地、景观、自然风景、景观文化的文化主义思想。19世纪下半叶由于环境问题越来越突出，人们开始将注意力转向生态问题。北欧、中欧等日耳曼语系国家的景观政策侧重建立在自然科学、生命科学和环境基础上，南欧拉丁语系国家则更注重历史艺术及建筑文化遗产问题。在近20年内，每个国家都出现了试图将以上两种方向在政治和科学上进行融合的趋势。

2000年在佛罗伦萨签订的《欧洲景观公约》（La Convention européenne du paysage）中将景观定义为：“被其居民所察觉到的一部分地域。它的特征源于自然或人工因素的作用，及二者之间的相互作用。”[1]

---

1 原文为“désigne une partie de territoire tel que perçu par les populations，dont le caractère ré sulte de l’action de facteurs naturels et/ou humains et de leurs interrelations.”

《欧洲景观公约》概括了景观概念的三个特点：景观作为地域一部分的客观性；景观作为被人观赏的对象所呈现出的主观性和文化性；景观在主观性和文化性作用下的动态变化。这三个特点使得景观这一概念成为自然和社会、自然科学和人文社会科学、物质和非物质、生态系统和社会系统之间联系的重要环节。

1.1.2 景观文明的产生与演变

奥古斯汀·贝克（Augustin Berque）认为一个景观文明的产生必须要具备四个条件：景观的概念化，也就是说存在意指“景观”的词汇，及涉及景观的文字，譬如我国南朝宋画家宗炳（345—443）所写的《画山水序》被奥古斯汀·贝克认为是世界上最早的景观著作；景观的绘画表现；口头或者书面表达景观感受的文学；园林。[1]

根据这四个“景观文明”存在的前提，古希腊-罗马社会虽然具备后三个条件，但是并没有对“景观”进行概念化，所以在古希腊和罗马时代，没有产生景观文明。

在宗炳所著的《画山水序》里出现景观概念——“山水”一词：“至于山水，质有而趣灵”。同时出现了另一个词汇“风景”。“景”具有多种解释：①大（见《诗经》，《尔雅》）；②日光（见《说文解字》）；③象（见《汉书》）；④景色。“风景”一词最早出现在南朝宋文学家刘义庆（403—444）的《世说新语》的《新亭对泣》中：周侯中坐而叹曰：“风景不殊，正自有江山之异”。这里“风景”一词指气候。从唐代诗人白居易（772—846）开始，风景一词获得“景观”的意思。他在《忆江南》里写道：“江南好，风景旧曾谙。日出江花红胜火，春来江水绿如蓝，能不忆江南？”稍后，同时代的诗人李商隐（813—858）创造了“杀风景”一词。在他撰写的《杂纂》里，描写了12种“杀风景”的行为。在这里“风景”多指“气氛”。[2]

在欧洲，景观概念出现在文艺复兴时期。布劳什（Oscar Bloch）和瓦布（Walther von Warburg）在他们的“词源大典”（Dictonnaire Etymologique）中指出：景观一词最早出现于1549年法国出版的《罗伯特·艾斯蒂安（Robert Estienne）法语-拉丁语词典》里，意思为“一幅油画”。1680年，理查莱（Cézar-Pierre Richelet）在他的词典（Dictionnaire François）中解释景观一词乃一幅表现乡村的绘画。他进一步指出：画家将之称为“pésage”，那些不是画家的则称之为

1 奥古斯汀·贝克，《变化——50个景观词汇》，法国拉维莱特出版社，1999，53页。

2 奥古斯汀·贝克和方晓灵合著文章：如何不“煞风景”？巴黎景观国际研讨会议发言，2007年5月。

"peisage"。正如法国著名园林史学家米歇尔·巴赫洞（Michel Baridon）说的那样："……（那时）景观一词刚刚从画家的工作室跑出来，开始它的世界之旅……"[1]

意大利语中的景观一词"paesaggio"是从法文翻译过来的，出现在1556年，并渐渐代替了"veduta"一词。15世纪文艺复兴时期，自然景观开始被纳入画框。风景画首先在欧洲南部意大利出现，以安伯基欧·洛伦采蒂（Ambrogio Lorenzetti）的壁画"好的和坏的统治者"为代表（Fresques du Bon et du Mauvais Gouvernement）（图1.1）。欧洲北部的风景画家以阿尔布雷特·丢勒（Albrecht DÄrer 1471—1528）和绕阿希姆·巴特尼（Joachim Paternir 1485—1524）为代表。风景画的出现还与另外两个因素有着必然的联系：意大利建筑师菲利波·布鲁内莱斯基（Filippo Brunelleschi，1377—1446）对透视法的发现；世俗化和个人主义萌芽的出现。

最早的具有风景元素的绘画出现在14世纪意大利北部，以杨·梵·艾克（Jan Van Eyck）的"罗林大臣之圣母像"（La Vierge au Chancelier Rolin，约1435年，图1.2）为代表。景观理论家阿兰·罗歇认为：在绘画中出现了向世俗景观敞开的窗口，呈现了弗拉芒画派三个连续景观画面的特征。[2]

早在景观概念出现之前，在欧洲，已经出现了景观意识。这是必然的，因为景观思想与我们对世界的认知以及人类与环境的关系息息相关。在景观的思想方法中已经潜意识地包含了主客体的分化（主体对客体的洞察）和向自身之外世界"开放"的敏感性。这一思想包含了景观的本质：即对自由和对自我的意识；它是一种忧患意识，通过它，人类社会对其生存和存在的条件提问，同时寻找更好的方式来预测和掌握即将到来的命运，以便合理地规划未来生命的空间。

欧洲景观思想结构的建立可以追溯到古希腊罗马时期，米歇尔·巴赫洞（Michel Baridon）在其生前最后一本著作《景观的产生和复兴》（Naissance et renaissance du paysage）中讲道："……希腊和罗马人已经开始描绘和描写景观。这些我们可以在他们别墅的墙上、著作中找到。这些著作的作者有地理学家、历史学家、剧作家和诗人……"[3]（图1.3）。

在古希腊罗马作家中，荷马（Homère，公元前9世纪）、柏拉图（Platon，公元前428到公元前348年）、维吉尔（Virgile，公元前70到公元前19年）、大普林尼（Pline l' Ancien，公元23到79年）、小普林尼（Pline le Jeune，公元61到114年）已经在他们的著作中展露了景观的意

1 米歇尔·巴赫洞，《景观的产生和复兴》，法国阿科特苏德出版社，2006，9页。

2 根据空气透视原理，弗拉芒画派将空间分割成三个连续景观画面：距离视线最近的第一画面用褐色或者赭色，稍远用绿色，最远的画面用蓝色。

3 米歇尔·巴赫洞，《景观的产生和复兴》，法国阿科特苏德出版社，2006，20页。

图1.1　安伯基欧·洛伦采蒂：好的和坏的政府统治壁画

图片来源：意大利锡耶纳市公共宫壁画

图1.2　杨·梵·艾克：罗林大臣的圣母

图片来源：卢浮宫

图1.3　罗马艾斯基林别墅内的壁画

图片来源：梵蒂冈，博蒂非西纪念博物馆

识。法国景观历史和理论研究专家迈克·雅克布（Micheal Jacob）说："景观在城市居民的意识中，作为'非城市'出现……景观在西方古希腊时代得到长足的发展，但在古罗马末期逐渐没落，而后在14世纪的意大利重新出现。[1]"

景观概念仅是景观思想符号化过程的结果。景观思想一旦产生，它就开始加入到人类文明演变的机制当中，这个过程是一个生产、概念化、符号化的运行过程，或者用奥古斯汀·贝克的"风土"（Médiance）[2] 理论的术语来说，这是一个术语化（prédication）的过程。这一被符号化、概念化的思想，随着科学领域的分类不断细化，被不断地扩大、延伸并渗透到各种分支学科当中去。

社会人文科学的地位变化是景观学科知识产生和演变的重要线索。人种科学、社会和文化

1　迈克·雅克布，《景观的出现》，法国安福里奥出版社，2004，7页。

2　奥古斯汀·贝克，《风土性—景观中的风土》，法国合鲁斯出版社，2000。

人类学、社会学、哲学、文学、文化地理学、历史、考古学、经济学和法律等，每一种学科都在某个特定时刻将“景观”纳入到它们的研究课题当中去。

“因此存在着不仅仅一个景观科学，而是多个景观科学。更确切地说是综合科学和非科学的景观知识。[1]”

但是从18世纪思想和工业革命以来，景观思想发生了巨大的改变：原来传统的世界观被颠覆。人类渐渐代替了上帝的位置，以上帝自居。科学与灵魂渐渐分离。认识和控制自然的欲望大大地促进了科学的发展和学科的分化。知识和技术的研究，以及探索的重点领域渐渐转向了经济学和社会管理学。

两百年之后，面对工业发展带来的种种环境和社会问题，关于“进步”的乐观情绪开始消失。景观似乎成了人类的一面镜子，强迫人类面对自己庸俗的暴力，并且质疑技术对生存环境介入的极限。现实总是从人类的手中逃走。似乎我们再一次被抛入最初的混沌状态，并面临丧失存在意义的危险。

值得庆幸的是，在历史过程中，景观这一概念被凝聚人类智慧的丰富理念所武装。从20世纪60年代来，景观所关注的问题转向了威胁人类生存的现实问题。景观一词被广泛地运用在各个领域，使它成了我们得以理解并积极介入环境危机的媒介和工具。

来自不同领域的专家和研究者通过景观聚集在一起，他们试图通过各种途径在人类与自然之间建立对话，从而重新找回二者之间的和谐关系和人类存在的价值。在近代景观史上，麦克哈格（MacHarg）通过他的研究试图把环境科学家、社会学家和经济学家聚集在一起，共同解决同一个问题。他的著作《设计结合自然》(Design with Nature）的宗旨在于：“定义现代发展中的问题，找到一种方法论或者一种有针对性和兼容性的工作程序。”[2]

如果我们去掉漂浮在景观概念表面令人眼花缭乱的议题，可以发现深藏其后的却是拯救世界与人性价值于危机之中的英雄情怀，正是在理解这样一种情感的基础上，我们才可以读懂法国，甚至西方世界景观思想的演变逻辑。

1 原文：“Il existe donc，non pas une science mais des sciences du paysage，et plus exactement des connaissances，scientifiques ou non，du paysage.” 皮埃赫·洞拿丢，《景观》，法国阿尔蒙考兰出版社，2007，21页。

2 原文：“to define the problems of modern development and present a methodology or process prescribing compatible solutions”，思科纳德巴赫，《环境的50个重要思想家》，法国环境出版社，2000，228页。

1.2 从"遗产"概念到"景观"概念

法国乃至整个欧洲景观思想的演变与"遗产"和"历史纪念物"(1420年)两个概念息息相关。"遗产保护"在其历史演变中不断促进新的议题产生，如：关于"美"的讨论(1858年)、国家和欧洲财产(1854年)、生态(1867年)、具有纪念意义的自然景观和基地的保护(1906年)等，所有这一切都促进了景观概念的拓展。

"景观"和"遗产"最初是两个文化概念。法国的景观概念最早出现在中世纪末期画家的绘画作品当中，它是人类捕捉周围空间信息的手段。而"遗产"概念在历史演变过程中经历了有关艺术品、古物、文物、教会财产和历史纪念物的法规变迁，最后在19世纪，遗产概念与"景观"相交汇。

景观的双重意义："表现景观的绘画作品"和"地域可见的一部分"，已经包含了与遗产概念内容相似的一些因素。近代"景观"概念的一个重要作用在于：视线所过之处可以将过去、现在和将来囊括其中。从某种程度上来说，"遗产"可以说是景观的历史沉淀。

"遗产"(patrimoine)一词直到19世纪还未出现。然而，早在公元前3世纪，古希腊的领土被占领者们视为建筑的珍宝库。这意味着艺术品及其收藏行为的产生。在文艺复兴时期，尤其在启蒙时代，由于对古代艺术的热衷、学院派主义的发展以及行业工会的消失，促使人们回溯到过去的时间和空间中寻找可参考的价值。"过去"因为它的"古老"而获得了内在价值。

在17世纪，公众对罗马废墟产生了极大的兴趣，法兰西建筑学院从1665年开始陆续向公众展示一些考古发现的艺术品。对古代作品的兴趣也影响到绘画(图1.4)，当时的画家，如：普桑(Nicolas Poussain，1594—1665)、洛兰(Claude Gellée，1600—1682)、休伯特·罗伯特(Hubert Robert，1733—1808)，休伯特·罗伯特是"纪念物"这一概念的创立者之一，他最早意识到一个纪念物不可能与它周围可见的空间分离。艺术的思辨，特别是关于视觉艺术的思考，对于景观遗产概念的出现和发展有非常重要的作用。

稍晚一些，英国的园艺家和画家根据对古希腊、罗马时代废墟的绘画表现，创造了"如画"(picturesque)园林。然而，当人们试图模仿一个久远年代的图像，造园艺术始终停留在一种漂浮的想象力中，而与现实的基地关系并不紧密，所以在视觉审美和"遗产"管理二者之间还没有建立起紧密联系。

18世纪末的法国大革命时期，由于面临对“旧制度”[1] 下建筑物的摧毁，使“历史纪念物”这一称谓第一次出现了。

当时的英国走在法国前面，在1585年英国就建立了考古学家协会。当时诺曼底人阿荷赛斯·德·考蒙（Arcisse de Caumon，1801—1873）在其修复古物的工作中开始思考怎样防止纪念物的毁坏。法国于1824年建立了第一个法国保护协会：诺曼底考古学家协会（la Société des antiquaires de Normandie）。

然而这一切的影响在当时还仅限于小范围。作家维克多·雨果（Victor Hugo）是最早向公众传播保护历史性纪念物（尤其保护中世纪遗留建造物的必要性）思想的人。雨果也是历史上第一位在其文学作品中（1831年）赋予历史建筑（巴黎圣母院）一个重要的角色的作家。

到了19世纪末，“保护”意识基本成型。它不仅仅涉及重要的纪念物，也包括一些小型的教堂。在历史纪念物的保护实践中，周围环境和基地的重要性被一步步发掘出来。

历史上出现的一系列法规显示了这一演变，如：教会于1789年制定国家财产政策，纪念物与其基地和周围环境有关的思想在1800年得到发展，意大利于1821年颁布关于保护考古发掘物和基地现场维护的法规，法国于1906年颁布自然纪念物及其基地的保护法，法国于1913年颁布历史纪念物保护法并将建筑物的边缘环境考虑在内，法国于1930年将自然纪念物基地的保护范围进一步扩大和明确，凡是具有艺术、历史、科学价值、传说的和符合“如画”景观的场地都列在保护范围内。

景观与遗产概念相碰撞也是旅游业发展的结果。英国园林的创造和旅游业的出现几乎处于同时期。被文学、绘画、摄影和近代审美观提供的图像所引导，游客首先被吸引到海边，然后是“令人敬畏”的崇山峻岭，后来是“如画”的乡村，人们开始区别值得欣赏的地方和令人厌恶的地方（图1.5）。

旅游风潮出现了一个通过视觉审美影响而产生的“景观”机制。游客大多来自城市中产阶级，这一特殊群体促使了一个新市场的产生，通过这个市场吸引越来越多的公众去“消费”景观。

同时无处不在的“景观”也促使反对“滥用景观”思潮的产生。在19世纪初期，因为文学

---

1 旧制度，法语为Ancien régime，特指法国文艺复兴之后到法国大革命之间一段历史时期。

图1.4　普桑：我曾在阿卡迪亚

图片来源：卢浮宫

图1.5　当时的照片和旅游明信片

图片来源：旧明信片

作品和艺术作品而变得出名的景观不仅成为热门的旅游景点，而且也成为居住首选的地方，法国景观的变化引起了政府机构的注意。在众多社会组织（法国的Touring俱乐部、法国阿尔卑斯俱乐部和法国景观和审美保护组织等）的压力下，一些法规相继颁布，如：1906年的自然纪念物及其基地的保护法，1913年和1930年的历史纪念物的保护法。

工业革命和战后快速重建使城市和乡村景观在短时间内产生了巨大的变化，使人们不得不开始质疑过去和现代的关系。关键的时刻到来了，“遗产”概念迅速成为所有“过去”的载体：乡土建筑、土地结构、自然景观等。

近几十年来，历史学家、考古学家对景观越来越关注。高空考古学[1]的发展发挥了很大的作用。雷蒙·什法连（Raymonde Chevallier）在1977年借议题为“景观考古”的学术会议成功提出“景观考古”概念，这个概念于1976年雷蒙·什法连在文章《景观：历史的隐迹纸本》[2]中暗示过。罗杰·阿伽什（Roger Agache），皮卡底（Picardie）将史前考古的研究推向了高潮，40年间他通过一个普通的摄像机持续进行航拍，揭开了高卢和高卢－罗马时期景观的面纱。

景观从此以后被视为“历史纪念物”，受到别的历史学家的关注，同时建筑师也加入到景观考古学派。一群建筑师在特拉普（Trappes）国家研究中心点燃了景观研究的热情，研究中心的领域不仅涉及乡村景观也涉及城市景观，这在当时法国的景观研究领域掀起了一场革命。

在欧洲北部国家，自然基地与历史文化遗产的保护比欧洲南部国家要清晰得多。从日耳曼语系的词源逻辑出发，景观概念侧重生态和地理系统，但很少像法国和意大利那样，景观概念的确立在法律层面上受到历史纪念物保护的影响。

近50年来，景观概念在欧洲国家政治中的使用发生了很大变化。19世纪末，在旅游业、艺术和意识形态潮流影响下，景观概念普遍建立在保护著名基地、景观和美丽景点等一系列文化思维上。20世纪下半叶，环境问题的不断升级促使了生态敏感性的出现。近20年来，欧洲国家根据可持续性发展方针采取了“普遍保护”策略，保护的对象已经不仅仅限于一些突出的基地。2000年10月20日在佛罗伦萨签订的《欧洲景观公约》要求成员国将原先仅仅保护突出的、历史的、自然的基地政策扩大到一项集规划和所有基地普遍品质管理的政策，从而加强了“普遍保护”策略。[3]

面对快速的变化，“遗产”和“景观”概念之间的联系不断加强，反映了试图理解过去、

---

1 高空考古学，指通过航拍来进行考古研究。

2 原文：“Le paysage，palimpseste de l’histoire”。

3 皮埃赫·洞拿丢，《景观》，法国阿尔蒙考兰出版社，2007，45-46页。

保存地方文化身份的理想，以及对带来巨大变化和环境问题的技术手段的质疑。这些情感促使这两个概念有必要进一步拓展，并相互渗透。其思考对象从著名的、具有突出审美和考古价值的基地扩大到更为普通广泛的基地。

1.3 从实证地理学到文化地理学

19世纪地理科学的发展是西方现代精神最显著的特点之一。中世纪以后，心理学、道德和政治上的问题导致的对人性主题形而上学的思虑，使西方世界转向了大地、空间和物质。"寻找一种普遍科学的渴望，促使社会通过测量、计算和分析来掌握外部世界。然而，地球复杂而不可言说的现实，与试图量化一切的科学之间形成矛盾，并成为所有现代科学领域中一个不可解决的问题。[1]"——埃里克·达代尔（Eric DARDEL）

"景观"概念的第一层意义涉及大地表面。地理科学在几十年中针对这一特殊的研究课题集结了众多的资料，它是解释景观物理特征的第一门科学。

这些知识首先来自一些对垦荒和对未知领域开拓的文字叙述。从希罗多德（Hérodote）时代到公元前5世纪，从罗马时代最杰出的地理学家斯特拉波（Strabon，公元前58年—公元21年）到托勒密时期（Ptolémée，公元90年—168年），逐渐建立起地理学中关于欧洲大陆的基础认识，然后是关于大地的，这些知识不仅包括了地理学，同时包括了地理物理学（宇宙学和数学）和社会地理学（对居民的描述）。

在地理学科出现之前，即在地理学家关注怎样建立一个普遍科学之前，历史呈现出一个实践性的地理学，一种驰骋于世界、跨越海洋、开拓大陆的无畏精神。去认识未知的世界、到达不可达的地方，好奇心和忧患意识是客观地理学的前提条件。对家乡土地的"爱"或者对新奇世界的探索等，一种非常亲密的关系将人与大地联系在一起。

随着开拓地球的范围越来越广，对地球的发现越来越多，以及17世纪自然科学的大力

1 原文："Le développement de la science géographique au XIXème siècle est une des manifestations caractéristiques de l'esprit moderne en Occident. Après le Moyen Age，l'inquiétude métaphysique au terme de l'Humanisme attentif aux problèmes psychologiques，moraux ou politiques de l'homme，le monde occidental s'est tourné vers la Terre，l'Espace et la Matière. Le souci d'une science exacte sollicite la société à essayer de maîtriser le monde extérieure par la mesure，le calecul et l'analyse."，埃里克·达代尔，《人与大地》，法国人文科学出版社，2009，1页。

发展，地理学也逐渐感染上了自然主义色彩。德国学者亚历山大·冯·洪堡（Alexander Von Humboldt，1769—1859），根据气候种类对南美植物叠层分布做出解释，这一研究工作使他成为了现代地理学之父。

直到第二次世界大战结束，地理学基本上在欧洲大陆发展，尤其集中在德国和法国。如19世纪的德国科学家李特尔（Carl Ritter，1779—1859）和拉采尔（Friedrich Ratzel，1844—1904）。拉采尔是"生态"一词的创造者，恩斯特·海克尔（Ernst Haeckel的学生）建立了"人类地理学"（anthropogéographie）的理论基础。这个术语后来被法国地理学家维达尔·白兰士（Paul Vidal de La Blache，1845—1918）和集结在他周围的一些年轻研究者翻译成法语"géographie humaine"（人文地理学）。从19世纪开始，地理学努力使自身成为能够清晰解释人与其生存环境关系的一门科学，这个生存环境指自然环境。但是一旦触及人与其生存之地的关系，研究就陷入死胡同。地理学家希望找到现实中的规律，但是19世纪末的纯实证主义与社会科学格格不入。从这里可以了解到为什么一些地理学家转向了文化主义或者地区地理学以求出路。维达尔·白兰士是第一位法国学院派地理学家，他赋予了"地方"（milieu）[1]一词新的意义，白兰士认为：人的行为对一个地方有特殊影响。

受到其德国老师洪堡、拉采尔，特别是李特尔的影响，白兰士重视居民和其生活之地之间关系的分析工作。术语"人类地理学"（Anthropogéographie）虽然仍然属于自然科学范畴，却避免了僵化的达尔文狭隘环境主义。

通过1903年出版的《法国地理图集》（Tableau de la géographie de la France），"维达尔"地区地理学派的工作主要是分析自然的能力、对地区尺度下组成均态基质的生命物种的描述。这些工作不局限于任何僵固的规则：为了理解一个地区的组织结构，必须要理解每个分区是怎么加入到尺度更大的一些单元中，并怎样整合到一个规模更大的生命结构中去的。

然而，当时白兰士的"可能性理论"（possibilisme）在法国被学院地理学派完全忽视，并且他们所从事的地理形态学研究对"景观"概念造成了极大的破坏。导致当时法国物理地理学渐渐地将景观概念简化，并从地理学科当中剔除出去。

1　Milieu一词，法国另一位当代的地理学家、东方文化专家——奥古斯汀·贝克将其译为"风土"。可以参见方晓灵关于"风土"一词的解释，《走向建筑学景观教育》，法国拉维莱特出版社，2009，410页。

譬如法国地理学家让·特里卡尔（Jean Tricart）曾经认为，“景观”概念太过模糊，在1970年他写道：“它的内容很不精确，尤其不同景观区域的分界非常模糊。”[1]另一位地理学家乔治·贝纳德（Georges Bertrand）更用“糊里糊涂一锅粥”（un “fourre-tout ambigu”）来形容“景观”，并且说道：“单一或者多学科的研究经验显示，至少在目前生态和社会的研究中不可能延伸到景观的内容。我们在此建议另一条道路，在科学层面上完全剔除‘景观’这一概念——仅仅继续使用它最普通的意义——同时寻找真正的（科学）概念，虽然在内容上的丰富性会减少，但至少更清楚，可操作性更强。”[2]

这一忧虑同时反映了景观概念不可被简化的一面，尤其体现在它与文化、人类活动有关的方面。然而这些发现也同样属于科学发现。难道一定要对不同景观的区域进行界分？景观的模糊性之所以无法被简化到一张简单的科学地图，是因为这一模糊性来自地球本身的复杂性。在1907年，德国人奥特·施吕特尔（Otto SchlÄter，1872—1959）创造了“景观与地区科学”（Landschaftkunde）和“人性化景观”（Kulturlandschaft）用于解释文明、农业社会和他们的工具所留下来的可见景观痕迹。

在20世纪30年代的法国，乡村和地区的景观受到普遍重视。与物理地理学家不同的是，地区主义者继续使用“景观”概念，并认为景观是一个同时涉及自然和人文方面的概念，他们的工作和成果主要体现在三本著作中：

（1）由马克·布罗奇（Marc Bloch）撰写，于1931年在挪威首都奥斯陆发表的《法国乡村历史上的地区特征》（Les Caractères originaux de l' histoire ruruale française），认为社会和法律的因素对法国乡村历史形成的影响非常重要。

（2）由卡斯通·胡内勒（Gaston Roupnel）撰写，于1932年出版的《法国乡村的历史》（Histoire de la compagne française），试图说明很久以来法国的农业和持久的耕地赋予了地域价值。

（3）最重要的一本书是1934年出版，由著名地理学家迪翁（Roger Dion）撰写的《法国乡村景观的形成分析》（Essai sur la formation du paysage rural français）。在这本书中，迪翁突出了社

---

1 原文：“Son contenu est peu précis，écrivait-il en 1970，et partant，la délimitation des aires d'extension des divers paysages est floue.”，让·特里卡特，《自然区域系统分析和整合研究》，地理期刊，1979年11—12月，706页。

2 原文：“L' expérience mono ou pluridisciplinaire montre que l' on ne peut pas，au moins dans la phase actuelle de la recherche écologique et sociale，s'entendre sur le contenu du paysage. Nous proposons une autre voie：renoncer à ce vocable sur le plan scientifique-tout en continuant à l' utiliser dans son sens banal-et rechercher de vrais concepts，peut-être moins riches par leur contenu，mais plus claire，donc plus opérationnels”，乔治·贝纳德，《生态历史学领域的景观考古学》，“景观考古学”研讨会章程(巴黎高等师范学院，1977年5月)，Caesarodunum特别期刊，第13期，1978，133页。

会历史和法律背景，以及民族角色的重要性。对于他来说，一方面景观自身不断演变着，另一方面人类通过他们的活动也不断地作用于景观，从而使景观得以发展。

第二次世界大战以后，直到20世纪60年代，很多法国地理学家一直坚持走乡村学派的路子，他们认为解释世界上物质景观的相异性，不同的社会组织能力和文化（宗教和政治）现象有很重要的作用。这一理论使乡村学派超越了自然决定论。

在20世纪50年代，大洋彼岸华盛顿大学地理系教师——爱德华L·乌尔姆（Edward L. Ullman，1912—1976），认识到学院派地理学的弱点在于它忽略了两个被先锋研究者触及的问题，特别是维达尔·白兰士的研究工作：人跟其生存之地之间的关系虽然得到重视，但是交通问题却被忽略。爱德华L·乌尔姆因此提醒年轻的研究工作者重视存在的“关系网络”。

在20世纪60年代初，另一个问题被新一代的地理学家提出：我们是否能够将物理地理学和人文地理学融合在一起？于是一个重要的时刻来临了，在“欧洲乡村景观研究系列研讨会”上，历年来的地理发现和假设被集中在一起产生碰撞。第一届会议在1957年于法国南希（Nancy）召开。此后安德鲁·美涅（André Meynier）在1958年发表了总结性著作《农耕景观》（les Paysages agraires）。虽然景观没有被明确定义，但是关于景观的研究工作地位已被确认。

总的来说这个时期法国地理学家主要有两个研究方向：空间经济学的发现使得大多数法国地理学家朝着经济学家想象的理论模式方向深入；另一些则发展人文的观点。因此在1976年，乔治·贝纳德建议在结合自然（地理系统）、社会（地域）和文化（景观）三个研究方向的基础上做一次总结。

这一时代，同样还是生态运动和城市扩张的蓬勃时期。美国出现了一系列关于城市空间的研究，譬如凯文·林奇（Kevin Lynch）的《城市意象》(The Images of the City，1959)和肯尼思·艾瓦特·博尔丁（Kenneth Ewart Boulding）的《图像》(The Images，1956)，这些研究揭示了另一些问题：人们所下决心并不取决于世界真正的现实，而是取决于他们对世界所产生的印象。关于人们如何察觉空间的研究在地理学的边缘展开。一些美国地理学家开始专注于“危险评估”的研究，在美国各大河流不断增加的用于调节水流的水库，使人们产生一个错觉：洪水已是一项灭绝的事物。于是在危险的可淹没区的建设不断增加，然而事实证明，所带来的巨大损失是前所未有的。

新一代地理学家马上嗅到这一新发现：经济学的理论基于最大限度地获得利润。我们是否可以建立一个新的理论，即存在着这样一些人，一旦他们到达某一程度的满意度，就会停止任何努力？一种崭新的、围绕人在地球上生存和存在问题的地理观点正在出现。事实上这一观点早在20世纪50年代初，在一些先锋者的思想中已经展现萌芽。他们是英国人威廉·科克（William Kirk，生于1921年）、美国人约翰·莱特（John K. Wright，1891—1969年）和法国人埃里克·达代尔（Eric Dardel，1900—1968），而后者在这条崭新的道路上比其他人走得更远。

对于达代尔来说，地理学的任务并不在于描述地球，而在于展示人类是怎样存在的，是如何通过赋予价值的手段来塑造地域，从而使大地获得意义。从此，地理学从量化科学走出来，成为思考个体和群体命运的一个媒介。然而在当时被实证主义认识论和科学哲学所充斥的地理领域，这些观点很难被接受。在北美，华人学者段义孚（生于1930年），试图阐述一个人浸润在一个（与其出生地完全相异陌生的）地方的感受。通过这一工作，他将地理学导向了现象学。在1976年的一篇文章当中，段义孚提到“人性地理”来指出新的地理学方向。而以约翰·布林克霍夫·杰克逊（John Brinckerhoff Jackson）为首的一些美国地理学家走得更远，从1951年开始，他们在*Landscape*杂志中开始发表一些观点，主要涉及通过导游、画家、诗人、小说家、散步者、孩子等来触及空间体验的问题。

今天的情况已经有所改变：地区污染日益严重，全球危机的浮现使公众舆论日益高涨，我们已经不能无视环境问题。作为一门关于生产和组织空间的科学，地理学已经不仅仅是一门自然科学，更是一门社会人文科学。景观历史作为地理学的研究对象，在构成地理学的不同分支学科之间激发了关于认识论方面的思考和讨论。

新的文化地理学专注于景观的研究。在20世纪80年代，曾经出现过回归地区地理学派的思潮。这一现象起因于人文主义和对地方意义的重新发现。“生活过的空间”的观点阐明了地区链接的意义。法国学者从阿曼·弗雷蒙（Armand Frémont，1976）的研究工作开始分支：以饶艾勒·彭纳美松（Joël Bonnemaison）为首的关于瓦努阿图（Vanuatu）的研究和以奥古斯汀·贝克（Augustin Berque）为首关于日本的研究，后者提出了一门新的地理学科。受到日本哲学家和什哲郎所提出的日语概念“风土性”（fûdosei）的启发，奥古斯汀·贝克发展了Médiance（风土性）这一理论，用于描述人类社会与自然之间的关系，以及这一关系历史发展的机制。“风土性”（fûdosei）来自“风土”（fûdo）一词。和什哲郎使用这一概念用于描述生活过的环境（与被科学客观化的物理环境相对立）。通过研究海德格尔的思想和其个人旅游的经历，和什哲郎认为“存在”结构不仅来自时间，而且来自空间。他将“风土性”定义为“人间存在的构造契机”。

贝克认为，和什哲郎所创造的日语概念“风土性”（fûdosei）与以维达尔·白兰士为首的法国地理学派所使用的“milieu”（地方）一词很接近。因此贝克使用“milieu”来翻译“fûdo”（风土）一词。他认为“风土”理论开辟了一个超越“现代性”的新的研究领域。“风土性”（fûdosei）被翻译成“Médiance”，最后贝克借用路易·阿道尔夫·白地雍（Louis-Adolphe Bertillon）所创造的术语“mésologie”来定义一门关于人类风土学的新学科——风土学。他指出，这门新学科致力于阐述历史和地理的紧密关系。事实上，它是地理学和现象学的融合体。

从此以后，生活过的空间、象征符号、梦、宗教、神话和乌托邦理想、寻求地域特征的社会愿望等，都可以被考虑在内。地理学、气候学、历史学、经济学以及社会事实、精神状态、情感，所有这些参与到今天地理学家研究中的元素，都可以形成景观。

1.4 从审美意识到生态意识

“美学”（esthétique）一词从希腊文αίσθησιs衍生出来，意指感觉。根据词源学，美学被定义为关于“感性”的科学。在康德（Immanuel Kant）的《理性之批判》一书中，美学是关于感觉或感性的学问。

“美”还可以是“真理”的形而上学，它努力揭示所有的感性美的源泉，如：柏拉图关于材料中体现的心智；黑格尔的理性之表现；叔本华的“意志”；还有海德格尔的“存在”。然而，当我们开始认为语言等同于思想、现象和现实时，美学作为物质世界和感性世界之间的媒介，通常被我们简化成单纯的“美”的理论和对外形的评价。

虽然“审美”一词的词源要追溯到古希腊，但是在古代，它几乎不为人所知，严格意义上的美学是在近代德国出现，由德国哲学家鲍姆加登（Alexander Gottlieb Baumgarten）在18世纪引入新词“esthétique”（拉丁语：Aesthetica）。在1750年发表的论著《美学》（Aesthetica）第一卷中，他赋予“审美”一词以现代意义，并根据对柏拉图派关于感性物和认知物的区分，界定了一个新的哲学领域。在他的著作《哲学沉思》（Méditations philosophiques）里，鲍姆加登将“美学”定义为“一门认知和感性呈现方式的学科”。在他看来审美是一种与逻辑相对立的认知，是一些模糊理念的混合体，与清晰概念成对比。

在19世纪前的法语中，“审美学”普遍被认为“艺术理论”或者“品位标准”。在环境问题足以严重到吸引公众的注意力，花园作为人类世界观的一种表现形式曾经是一个重要的审美议题，但真正的自然在很长时间内却没有得到审美的青睐，如：崇山峻岭和沙滩仅在19世纪才成为值得注意的景观元素。

要使自然成为我们今天头脑中的“自然”，必须要经历两个艺术化（artialisation）[1]过程：通过“在现场”（in situ）行为，即通过花园的创造；或者通过视觉（in-visu），即通过不断塑造视觉模式来艺术化我们对自然的观感。

在视觉艺术化历史过程中，起初景观只不过是宗教绘画中的背景，目的只是为了突出处于画面中心的宗教场景。在中世纪末，景观开始作为单一的主题出现在绘画中，这是因为：这时“自然”开始世俗化（也就是说，自然不再被认为是神力的表现）；对人物描绘技巧的完美追求要求对周围环境地点进行真实的描述。

阿兰·罗歇（Alain Roger）认为，正是因为在绘画中创造了“窗户”这一框景模式，使绘画中出现了空间感，并且促使以后风景在画面中拥有其独特的透视系统：空气透视，从而使景观最终从宗教艺术和历史绘画中解脱出来，成为艺术史上的一个独立种类，可以接受各种审美评论，并独自面对西方绘画中定义上和实践上的问题。同时，景观表现的审美观将面临在其他领域同样存在的矛盾，即对可靠性的追求和不可掌握的现实认知。

通过扩大“窗口”直到图面的尺度，当时被称为“好风景画家”的比利时画家绕阿希姆·巴特尼（Joachim Patinir，1475—1524），在景观史上走出了非常重要的一步：通过反转景观和人物的主次关系，绘画终于成功地解放了被窗口所框景的作为背景的景观。他的绘画以庞大丰富的场景给观者造成视觉冲击。这种丰富性包括两方面：广阔的空间（广角视点非常高，几乎在半空中），同时在这个空间中尽可能多地涵盖了大地所能给予的各种景象、绘画原型和激发想象、梦幻的各种超现实的元素（田园、树林、人形的山、乡村和城市、沙漠和森林、彩虹和暴风雨、沼泽和河流，还有火山等）。他的审美观反射出景观概念在日耳曼语言中的起源逻辑，即景观反映的是地理现实。而在巴特尼的画中，几乎是充满偶然性的自然真实现象的一个综合纪录（图1.6）。

到了17世纪，这一被历史学家称为“世界景观”的风景画流派，被荷兰画家继承并发展到比较成熟的阶段。景观在荷兰绘画黄金时代，成为纯净的沉思对象，因为景观与宗教、历史、

1　阿兰·罗歇，“艺术化”，《变化——50个景观词汇》，法国拉维莱特出版社，1999，45页。

传说、逸事等无关。荷兰画家只期望抓住在不断变化的运动中，能够瞬间触动其观感的东西。

荷兰画家，如霍贝玛（Meindert Hobbema）、戈延（Jan Van Goyen）、克伊普（Aelbert Joacobsz Cuyp），塞赫尔斯（Hercules Pieterszoon Seghers）和雅各布·凡·雷斯达尔（Jacob Isaaksz.Van Ruisdael）只专注于抓住日常生活中稍纵即逝的现象，景观对于他们来说首先是一种场景，一个几乎亲密生动的瞬间图像，通过透视的一种触觉式的表达（图1.7）。

在画面构成上，对待"自然"态度的转变表现在地平线的降低，使得天空几乎占据了画面的2/3。正是这个什么都没有的"空白的画面"，表达了荷兰画家对自然的眷恋。荷兰风景画，虽然具有很多优点，但还是无法成为忠实于被感受的和体验过的现实画面。同时期，由于受到意大利绘画流派的影响和从文艺复兴时期延留下来的文化讨论的支持，古典风景画派得到了长足发展。对于古典风景画来说，自然的和谐与完美只能来自艺术规则对其的修正。

在17世纪，两种对立的绘画风格几乎占据了绘画领域：古典风格和巴洛克风格。除了鲁本斯（Peter Paul Rubens）的巴洛克风格（如图1.8所示），17世纪主要还是以古典画派为主。对于古典风景画的追随者来说，为了达到理想永恒的美，自然现实的形态必须依据平衡、和谐形式规则严格提炼，艺术应该通过严格的方式来唤醒和重建自然。

普桑（Nicolas Poussin，1594—1665）的古典英雄式风景画；洛兰（Claude Gellée也称作 Lorrain,1600—1682）田园式风景画成为追求精确标准、理性和谐以及有节制形式的典范（图1.9）。然而，在17世纪末，公众审美开始对"自然"和谐的图像和追求完美视觉的综合法感到厌倦，争论首先出现在"普桑派"和"鲁本斯派"之间。

时代需要风景画家找到一种新的风格。与古典主义的决裂出现在19世纪初，艺术作品不再被认为超越一切高高在上的事物，艺术家将自然缩减到简单的现象，风景绘画成为叙述事件的方式，仅仅为了抓住稍纵即逝的现象。这一观点被浪漫主义和印象派绘画借用并一再强调。

于是具有精确标准、宏大却宁静的古典主义风景画派与浪漫主义中情感的暴风雨、无所顾忌的激情还有泛滥的象征符号形成了鲜明的对照。后者是反抗理性的狂热情感；一种逃逸：游离在梦想、奇异的或者过去的世界里以逃避现实；对神秘空想的世界发出的痴迷的召唤；放荡不羁的表达方式和让人眩晕的"自我"的崇拜。正因为具有如此丰富的感性元素，所以浪漫主义的景观是多元化的（图1.10）。

启蒙主义思想是所有我们今天所知的多样化的思想运动的源泉。在各种各样的思想火花中，有浪漫主义还有存在主义，这是启蒙思想的顶峰。

图1.6　绕阿希姆·巴特尼：横渡冥河，16世纪

图片来源：西班牙马德里普拉多博物馆

图1.7　戈延：多德雷赫特风景画，约1660年

图片来源：荷兰阿姆斯特丹国家博物馆

图1.8　鲁本斯：维纳斯狂欢节，1637年

图片来源：维也纳艺术史博物馆

图1.9　洛兰：港口,1636年

图片来源：伦敦大英博物馆

图1.10　浪漫派绘画：帕斯卡·大卫·弗里德里希（1774—1840）：悬崖峭壁粉笔画

图片来源：苏黎世奥斯卡·雷哈特·阿木·斯塔德伽登博物馆

在17世纪最后的15年里，启蒙思想更新并拓展了上个时代遗留下来的许多问题，并创造了自身众多的特点。其中两个主要的特点形成对立面：一个是科学追求可靠性的精神，另一个却有关人类的情感和感性。这个时代的希望被知识的光明照亮，而不再是在神的光芒的照耀下。但在寻求“可靠性”科学的过程中，“美学”一词因为它难以被定义的特点，差一点从西方历史中被驱逐出去。

在18世纪的下半叶，狄德罗（Diderot）曾经将“手法”和“品味”用于他的艺术评论。查尔斯·德·维列（Charles de Villers）在1799年针对这一现象说道：“狄德罗曾试图在百科全书中引进一些‘美学’术语，但这并没有被采纳。我们关于品味理论的只有一些零碎的作品和一个不知所云的学说：这些理论没有通过可靠的准则来建立，也没有一个真正科学的方法，很明显，我们根本与‘美学’无关”。

然而当所有的人都为理性、科学精神和“进步”高唱颂歌的时候，浪漫主义思想的奠基人——卢梭（Jean Jacques Rousseau）却在他的论著《爱弥尔》（Emile ou de l’éducation）中开始质疑文化与自然的关系。这显然与卢梭悲观的天性和孩提时代与自然亲密接触的经历有关。这使他能够看到盲目乐观时代背后隐藏的问题，他认为社会的发展给人类带来更多的不幸，深刻揭示出物质技术与人类精神状态之间的矛盾关系。我们可以称卢梭为杰出的自然主义思想家，他的著作中无不贯穿着“自然”的主题。那么什么才是自然的呢？卢梭通过与“人工的”相对立而定义“自然的”。而人类在他看来是自然中一个扰乱秩序的因子。他说：“所有一切在自然手里好好的，却在人类手中被糟蹋得一塌糊涂。”[1] 正是从卢梭开始，我们将自然与艺术对立，自然与历史对立。卢梭还是第一个提出“感性灵魂”的人。他认为“感觉”是人的天性，是所有行为的动机和原则：如果不是因为我们可以感觉，我们不会感到有必要去寻求快乐或者逃避痛苦。我们也不会因此觉得有必要改变我们的生存条件和环境。

事实上，浪漫主义只不过将“人”放在了世界和宇宙的中心。对于启蒙思想家来说，自然被理性所吸纳，两者之间的相互作用表现为一个充满永恒幸福的生活。根据这一泛神论的观点，人将不可抗拒地被自然的美和其神圣的魅力所吸引，并由此跟自然建立起一种亲密的关系。渐渐地人类将在自然中找到唯一能够理解他、抚慰他的力量。独自一人在森林中、湖边，

---

1 原文：“Peindre l’espace et le temps pour qu’ils deviennent des formes de la sensibilité des couleurs”，《与塞尚的对话》，巴黎现实评论出版社，1978，123页。

浪漫主义将向自然打开自己的心怀。

浪漫主义是人在面对冰冷的机器主义时，面对今天社会令人越来越担忧的不公正现象时所作出的反抗，因为现代人深深的情感使他在一个错综复杂、没有灵魂也没有感性的社会中感到失落（图1.11）。

如果我们说浪漫主义的艺术家被情感的飓风所吞噬，受尽折磨，那么印象派艺术家则聪明地将自己隐藏在一个平静而科学的面具背后，而不轻易流露任何主观情绪。在现实面前，印象派画家采取了后退，与现实保持一定距离。

在19世纪中叶，随着管状颜料制造工业的发明，年轻的巴黎艺术家们开始走出画室。特别是受到现实主义画家库尔贝（Gustave Courbet）作品的启发（图1.12），这些年轻的画家将重点放在明亮的色彩和光线的游戏上。他们不再被大型的战争场面和圣经故事情节所吸引，而是转向自然风景和日常生活场景。

印象派至少让人明白了一点，他们正在努力减少瞬间的视觉体验和图像创造之间的距离，创造出尽可能客观的画面。印象派风景画是在与技术碰撞之下产生的对自然的新看法。他们注重色彩的一个原因来自牛顿关于白色光的分解理论和歌德对此作出的反应：在1810年，歌德声称色彩是一些影子和光线的混合，他还坚持认为色彩对人的视网膜和情感具有影响作用。[1]

“描绘空间和时间，使它们成为色彩感的形式”[2]。他们的自然主义观点成为当时物质和意识形态正在发生转变的见证。对于印象派艺术家来说，“变化”是存在的本质，形式是暂时的；世界处在一个不可知的流动体中，所有一切都是均质的；形式溶解在气流的波浪中，在无处不在的震动中跳跃；物体的密度消失了，物质是开放的，可渗透的，仅仅通过光在时间中将之雕塑。而对于艺术家来说，目的就是要将瞬间即逝的一切固定在画布上，赋予偶然性、短暂性和生命瞬间美妙的诗意（图1.13）。

印象派的绘画不带有主观性和情感的痕迹。艺术家只不过成了一只眼睛，形式让位于色彩、感觉隶属于光学原理。因此，绘画风格只不过是一个切合主题和完美的技术解决方式。印象派的画家甚至创造了花园作为他们露天实验室和工作室，以便观察四季的颜色变化，如：莫奈（Claude Monnet）的纪梵尼（Giverny）艺术家花园（图1.14）开创了“花卉园”和“如画园”的先声。在布洛涅－比杨库尔（Bologne-Billancourt）阿尔伯特·康（Albert Kahn）花园的某些部分

1 让－皮埃尔·勒·当戴克，《野性与规则：法国20世纪的花园和园艺艺术》，巴黎导报出版社，2002，60页。

2 原文：“Si la relation individuelle à la nature a été admirablement saisie par impressionnistes ‘classiques’, c’ est son rapport à l’ éthique des société industrielles que Van Gogh a cherché à rendre.”，米歇尔.巴赫洞，《花园：景观设计师－园丁－诗人》，法国罗伯特拉峰出版社，1998，963页。

图1.11　浪漫主义，帕斯卡·大卫·弗里德里希（1774—1840）：雾海之上

图片来源：德国汉堡艺术馆

图1.12　库尔贝：黑色小溪

图片来源：巴黎奥赛博物馆

图1.13　莫奈：日出，1872年

图片来源：巴黎马赫莫丹·莫奈博物馆

图1.14　莫奈：纪梵尼艺术家花园

图片来源：巴黎奥赛博物馆

和瓦朗吉维尔（Varengeville）的穆天（Moutiers）公园都是类似典型的例子[1]。

景观被印象派缩减成为一个被观察的客观对象，然而这一行为最极端的是后印象派画家，风景成了寻找理想画面的客体模型。这样的情况同样出现在野兽派、立体派和其他20世纪初主要的绘画流派中（图1.15）。然而必须要指出的是，在后印象派画家中，凡·高（Vincent van Gogh）是与众不同的一员，他的作品反映了个体的心理和精神状况，如米歇尔·巴赫洞所说的："如果说个体与自然的关系被'正统'印象派所巧妙掌握，那么凡·高所寻找的是表现其与工业社会伦理的关系。"[2]（图1.16）

尽管如此，20世纪"风景"已不再是一切的基础，不再是思考美丽如画事物所偏爱的场所。将客观性、即时性、快速性和瞬间画面的忠实记录表达到极致的是照相术。尽管1859年，诗人波德莱尔（Charles Baudelaire）在一次艺术沙龙中对照相术浅薄的审美观进行了批判，但是这个出现在1838年的革命性的发明很快就宣告了缓慢而又劳累的绘画技艺的终结（包括其关于"美的形式"的审美标准）。

工业社会的快速发展使人们很快就将开始失去"真"和"感性"的担忧，继而又马上被一种试图融合艺术与功能主义、艺术与工业、艺术与商业的乐观情绪所淹没。

19世纪末和20世纪初是一个从审美到意识形态都发生了翻天覆地变化的时代，同样也波及了艺术。建筑和装饰艺术受"新艺术"（l'Art Nouveau）和"装饰艺术"（l'Art Déco）运动的影响。

"新艺术"最早在1880年左右出现在法国和比利时，继而蔓延到大部分的欧洲国家，一直到1909年。它的特点是：拒绝历史风格、维护功能主义、将艺术和来自自然的灵感融合在一起。在进行这些纯艺术运动的同时，在欧洲，尤其在英国、荷兰、奥地利和德国正开展着以功能主义为中心，融合艺术与工业的意识形态运动。

英国画家莫里斯（William Morris）于1861年在伦敦创立了"莫里斯公司"（la Morris Compagne），目的在于鼓励手工艺艺术，最终美化日常生活用品。英国建筑师阿什比（Charles Robert Ashbee）于1888年创立"艺术与手工艺展览协会"（Arts and Craftes Exhbition Society），目的在于将艺术家和工业生产结合起来，最终用机器进行流线生产既美观又实用的物品。奥地利建筑师约瑟夫·霍夫曼（Joseph Hoffmann）和科罗曼·穆塞尔（Koloman Moser）于1903年创立

1 原文："Ce qui complique toute en apparence, c' est que la même forme sert au créatif et au commercial."

2 原文："Si la relation individuelle à la nature a été admirablement saisie par impressionnistes 'classiques', c' est son rapport à l' éthique des société industrielles que Van Gogh a cherché à rendre."，米歇尔·巴赫洞，《花园：景观设计师－园丁－诗人》，法国罗伯特拉峰出版社，1998，963页。

图1.15 立体主义，乔治·布拉克：埃斯代克的桥

图片来源：巴黎蓬皮杜中心

图1.16 凡·高：鞋子

图片来源：纽约大都会艺术博物馆

"维也纳工坊"（Wiener Werstätte），目的在于制造细腻美观、简单而又实用的家具和物件。德国建筑师赫尔曼·穆特修（Hermann Muthesius）于1907年创立了"德意志制造联盟"（Deutscher Werkbund），聚集了艺术界和工艺界、工业界和商业界的代表，目的在于革新家具的外观，并用模式化概念改变创造者的思路。画家彼埃·蒙德里安（Piet Mondrian）和理论家格派·凡·杜斯堡（Theo van Doesburg）于1915年在荷兰发起了名为"风格"（De Stijl）的文化运动，运动的对象主要指向集体住宅的社会层面。最后，建筑师格罗皮乌斯（Walter Gropius）于1919年在德国魏玛（Weimar）创立包豪斯学校"Bauhaus"（意思是营造之家），目的在于联合所有的艺术为工业文明服务。

所有这一系列艺术运动都具有共同的目标：注重功能主义，鼓励标准化和预制，适应新的工业化生产，使艺术成为装饰和实用兼备的社会艺术。这一艺术的民主化运动突然间颠覆了传统的精英文化，取而代之的是一个面向大众的全新消费文化。艺术与市场、工业和其他混合在一起。艺术家必须面对来自其他领域的游戏规则。这个混合体无视艺术与市场的区别，如哲学家吉尔·德勒兹（Gilles Deleuze）所说："表面上看复杂，事实上，创造活动和市场共享着同一种形式。"[1]在这里潜藏着一个我们时代难以解决的难题：当一个艺术品身处眼花缭乱的物品之间，如何才能找到自身的"唯一性"？

现代艺术的一个特点是终结了三大幻觉：艺术品的永恒性、艺术的普遍性、艺术的显然性，也就是说：（1）现代艺术不仅是短暂的、脆弱的，而且它随着时间的变化而变化；（2）越来越多的创作与一个具体的地点有关，或者完全相反，用复制的方式完全否定"唯一性"；（3）现代艺术更多地注重表达纯感觉和瞬间给出的意义。

事实上，技术和科学的进步、大规模的工业化、压倒一切的城市化进程、效率越来越高的交通和通讯技术、制造业和消费文化的规模化，越来越耀眼炫目的技术主义乌托邦梦想煽情地鼓吹"新人类"或者"现代人"的概念。人工世界的建造仅仅是为了满足人类的欲望，对权力和力量无止境的追求，人造世界被认为是满足新的生活标准和条件的唯一场所。

时光似乎倒退到中世纪，自然重新被视为野蛮、肮脏、卑劣的场所。在一个充斥功能主义、实用主义和一切工具化的世界里，自然的存在仅仅是为了某物，尤其是为某个群体服务，它被缩减为一个仅仅具有某种用途的"地块"、一个可以被整治规划的地域、一个可以提供享

1　原文："Nous nous trouvons donc dans une phase de l'histoire qui rappelle la Renaissance ou le romantisme, époque où ont changé tout à la fois le sentiment de la nature, l'idée du beau et la manière d'être au monde." 米歇尔·巴赫洞，《景观的产生和复兴》，法国阿科特苏德出版社，2006，14页。

用的空间、一个权力的区域……

浪漫主义时代状况一直延续着，人必须面对冰冷的机器和被称之为“民主与现代”的社会中越来越多的不公正。于是，为了再一次寻找失落的感性灵魂，艺术家走出他们封闭的工作室，走进自然和社会中。

得益于一次混合了个人神话和各种行为的实践经验，德国艺术家约瑟夫·博伊斯（Joseph Beuys,1921—1986）提出了“城市雕塑”。他的作品直接质疑城市公共空间，在某些情况下，是一些著名的画廊和博物馆（图1.17）。20世纪70年代初对封闭在白色画廊空间的艺术的抵制导致众多的美国艺术家走进西部广袤的土地。

“大地艺术”（Land Art）的出现和其对自然神秘性的回归是19世纪浪漫主义的传承。但是这一次，艺术家不再是自然的观众，而是在自然中与自然一起创作，他们所用的材料不再是画布、颜料或者大理石块，他们认为艺术家应该投入到自然中，与景观一起工作，他们甚至将景观直接当作了作品的材料，与土地直接接触成为大地艺术家的创新点。这一运动应该被视为与20世纪传统美术学派等级制决裂，并试图拓展新视野的最后的尝试（图1.18）。

同一时间“艺术评论”呈现出百花齐放的现象，这并不偶然。因为通过艺术评论文章，我们可以看到社会和艺术系统的危机。艺术成为了揭示问题和唤醒公众意识的手段。同时期，生态运动正轰轰烈烈地展开，使艺术家更加坚定了在自然中寻找生命真谛的信心。

在19世纪的下半叶，不断出现的环境问题产生了生态敏感性研究。景观概念的双重意义（一个是审美和文化层次，另一个是自然和生命科学层次）在最近二十几年有相互融合的趋向。

“生态”一词是在1866年由德国生物学家恩斯特·海克尔（Ernst Haeckel）创造。被阿纳勒（Annales）地理学派在1874年引进法国，尤其是维达尔·白兰士（Paul Vidal de la Blache），他在1871年后一直近距离跟踪德国科学家的工作，特别是拉采尔（Friedrich Ratzel）的。在恩斯特·海克尔的著作《有机体普遍形态学》（Morphologie générale des organismes）里，他提到生态是：“……一门关于生物与其环境关系的科学，从广义上说，是一门关于存在条件的科学。”

1935年，阿瑟·乔治·坦斯利（Arthur George Tansley）创造了“生态系统”一词，在生态学中引入系统概念，对运动地理形态学的关注使地理学家对覆盖地面的植被层产生了极大兴趣。现代生态学的一些成果渐渐地被公众所认识，它们使人们理解人类是怎样在生态金字塔中

图1.17　约瑟夫·博伊斯：蜜蜂的反抗，1977年

图片来源：宾夕法尼亚大学图书馆

图1.18　罗伯特·斯密森：螺旋堤，1970年

图片来源：en.wikipedia

直接抽取一部分，或者通过修改和复制这部分物种来满足人类的需要。现代生态学使我们意识到：我们是生活在一个与我们的生存和存在息息相关的生命网络中，相对主义（relativism）的意识已经不可避免。这一观点颠覆了传统审美观。我们意识到自然自身的平衡机制和几个世纪以来我们强加给自然的审美观之间有很大的差别。我们开始重新审视什么才是美的，什么才是艺术，这一系列困扰了人类几千年的问题再次浮现。

1973年，挪威哲学家阿兰·奈斯（Arne Næss）在他所发表的一篇文章中创造了“深层生态学”（deep ecology）一词，为了与他所认为的“浅层生态学”（指传统生态学）区别开来。深层生态学派人士认为：世界不过成了人类为满足自身需要而不断掠夺的资源。然而，人类社会不过是全球生态系统的一个组成部分。人类没有权力单纯根据不同物种的价值来给它们归类。如：动物是否有灵魂、是否运用“理性”，或者它们是否具有意识来确立人类优越于其他动物种类的地位。与传统生态学派不同的是，他们更注重从物种和不同生态系统角度来看待问题。他们的思想促进了“环境伦理学”的产生和发展。传统生态学以人类需求的满足度来定义生态“有限性”，并以此将别的物种看作单纯的“资源”。而“深层生态学”则将“有限性”定义的范围扩展到整个“生物圈”的需求，尤其是那些与人类社会共存了上百万年的物种。“深层生态学”在世界范围内引起了广泛的反响，也促使了一些激进生态思想和运动的产生。

法国景观建筑师吉尔·克莱芒（Gilles Clément）在他的作品中表现出对自然完全的尊重，他写道：“生态极限是我们这个时代的发现，这一认识使我们意识到生命的数量是有限的、不可更新的，与传统的认为自然是完美和取之不尽的观念截然不同，生态打破了浪漫主义对世界的看法。”[1]

另一位法国景观建筑师、理论家和造型艺术家——伯纳德·拉索斯（Bernard Lassus）提出的“最少干预行为”（l'intervention minimale）和吉尔·克莱芒提出的“第三种景观”（les tiers paysages）和“动态花园”（le jardin en mouvement）等理论都与19世纪景观设计师所追求的截然不同（他们所追求的创造效果好像是博物馆里的一个漂亮空间）。从此以后，“坏草”与“好草”没有了实质上的区别，废墟其实拥有非常丰富的植被层，它也可以成为花园。

研究“感性”的法国历史学家阿兰·科尔班（Alain Corbin）比较了古代和当代社会，及他们

1 原文：“La finitude écologique est une découverte de notre époque：cette prise de conscience que la quantité de vie est comptée, non renouvelable est en rupture absolue avec l' idée encore historiquement récente d' une nature parfaite et indéfinie. En cela l' écologie brise sans aucun mé nagement avec la perception romantique de l' univers.”，吉尔·克莱芒，《星球花园研究》，法国地区美术学院出版社（Ecole régionale des beaux-arts），1995，55页。

的环境共存的报告。报告显示从18世纪以来，欣赏景观的模式已经改变了，传统的建立在“如画风景”和“庄严”之上的静态审美观被今天人与环境多感和动态的关系所代替。

20世纪70年代末，轰轰烈烈的生态激进主义运动和人类对自然糟糕的管理已经显而易见，这吸引了艺术家和摄影师（Robert Smithson、Lewis Baltz、Ansel Adams、Jean Marc Bustamante、Hernandez、Shibata、Ristelhueber……）的注意，在生态敏感性的启发下，他们开始注重地域甚至地球尺度下的环境问题和城市问题。这一趋势在20世纪90年代开始逐渐细化分支，一些艺术家如：P.Fend、O.Renaud、J.Mogarra、R.Graham、C.Bernard、Y.Salomone，从不同的起点出发，减少了悲观和好战的情绪，创造了一个全新的、开放的、更广阔、重新被地域化的景观。景观成为了启发多元化讨论的起点。

如印象派画家一样，他们重新回到露天。他们的景观首先是对观察的记录，尤其针对灾难宏伟惊人的效果，如：被强行“开膛破肚”的山岭、巨大的垃圾山、渺无人烟的浩瀚土地、被人遗忘的破败市郊、战后面目全非的城市、工业废墟、被垃圾弄得肮脏不堪的海滩、比比皆是的汽车尸骨……

在1999年，出现了一个新词“ecovention”（ecology生态+invention创新），特指一个由艺术家发起的项目，这是一个针对地方生态的崭新策略。艺术家并不单独工作，而是与乡镇居民、地方专家，如建筑师、植物学家、动物学家、生态学家、工程师、景观设计师和城市规划师一起合作，实现和评估一个在科学上比较复杂的项目（图1.19）。

“（今天）我们似乎置身于一个与文艺复兴或者浪漫主义时期相似的历史阶段。这个时期的特点是：人对自然的情感和美的理念在世界上的存在方式都改变了。”[1]这一“新浪漫主义”，已经不再是一个人在一个有诗意的地方寻找心灵的安宁，形单影只地面对自然的画面；这一从审美敏感性向生态敏感性转化的过程，也已不再是一个单纯的“艺术化”过程。

今天“景观”的形式审美含义已位居次要地位，景观的含义和作用在面临各种城市、环境和社会问题的同时被不断扩展，它成了一个社会媒介和一个地区及其相关地域发展的定位工具，我们通过它可以思考跨越地域表面的大型交通基础设施的空间组织；通过它，各个领域的专家得以汇聚在一起，共同探讨人类社会与自然环境共存的问题。艺术家、景观设计师等实践参与者已不仅仅是单纯的“美丽画面”的创造者，他们的工作介于“图面创造”和“具体空

1 原文：“Nous nous trouvons donc dans une phase de l'histoire qui rappelle la Renaissance ou le romantisme, époque où ont changé tout à la fois le sentiment de la nature, l'idée du beau et la manière d'être au monde.”米歇尔·巴赫洞，《景观的产生和复兴》，法国阿科特苏德出版社，2006，14页。

图1.19　帕特里斯 · 乔纳森：拉共公园，1981—1986，德克萨斯

图片来源：《近代改变生态的艺术》

作者：苏 · 斯帕德

间”之间，他们的实践活动令他们更像社会集体生活方式的共同创造者。景观已经成为我们通过各种方式与自然建立崭新关系的支点。

1.5　从花园尺度到星球尺度

景观一词产生之时就具有通过视觉来占有一个广阔的地域的意思，反映了一种凌驾于地域的姿态。

花园一词，在高卢罗马语里是hortus gardinus，指封闭的花园。在英语中，花园garden来自德语garten，指一个封闭的蔬菜、粮食或者装饰性植物的种植地，在中世纪称为hortus conclusus。

“(园林艺术)在古老的时代就出现在地球上，它是为了表现人与自然之间、微观宇宙和宏观宇宙之间完美的关系。”[1]这一完美的关系折射出“天堂－花园”概念。“天堂－花园”作为

1　原文：“…présente sur la planète entière depuis des âges très anciens, il a pour projet de représenter l’accord parfait entre l’homme et la nature-entre le microcosme ontologique et la macrocosme cosmologique.”，让－皮埃尔 · 勒 · 当戴克，《花园和景观：文集》，法国巴黎导报出版社，2002，11页。

图1.20　天堂小花园,15世纪，法兰克福

图片来源：《景观文论》，作者：阿兰·罗歇

人类理想生境的象征，由上帝创造，目的在于让男人和女人在此与其他创造物和谐地生活在一起。在“创世纪”中，先知以西结（Ezéchiel）宣称伊甸园是一个由珍贵石头垒成的墙所环绕的花园。

围墙象征神的保护，为了不受外部野蛮自然的伤害。它还象征着人类世界的界限和对宇宙秩序的尊重，以及世俗世界与神明世界之间的联系。封闭的花园“hortus conclusus”既是保护也是一个通向外界的开口。在欧洲中世纪，封闭的花园因为可以阻止擅入者，仅仅向被上帝所选择的人开放，而且成为圣母玛丽亚圣洁的象征（图1.20）。

这一“封闭花园”的概念也存在于其他的文化当中。如：波斯古语“apiridaeza”，意思指“一个被墙围绕的果园”；在荷马史诗里也说到过一个叫Alcinoos的大花园，足足有4个阿庞（Arpents：古代面积单位）大，被墙所围绕。[1]中国人心目中的“伊甸园”——桃花源（陶渊明心中的理想世界）也是一个与世隔绝的世界，“复前行，欲穷其林。林尽水源，便得一山，山有小口，仿佛若有光，便舍船从口入。初极狭，才通人，复行数十步，豁然开朗。”[2]

在古代人类文化中，“封闭”和“花园或者一个美如花园的地方”几乎是理想生境的两个

1　让－皮埃尔·勒·当戴克,《花园和景观：文集》，法国巴黎导报出版社，2002，11－12页。

2　摘自陶渊明《桃花源记》。

首要条件。

一直到17世纪，因为凡尔赛花园的建造，这一古老的“封闭形式”终于被打破。这一超越行为的起源来自路易十四对“福开复苑Vaux-le-Vicomte”花园的敌对情绪。在福开复苑里有一个很明显的封闭形式，在花园主轴线的另一头有一个向内倾斜的大草坡，它为花园轴线画上句号。在草坡的尽头更有一个Hercule雕像与轴线起点的城堡遥相呼应，形成一个完美的封闭形式（图1.21）。[1]

凡尔赛花园的设计者安德烈·勒·诺特（André Le Nôtre），同时也是“福开复苑”的设计者。他知道，“福开复苑”主轴线这种视点与消失点之间的遥相呼应正是古老“天堂花园”封闭形式的象征，若要超越它，就必须打破这条主轴线。但是打破这条主轴线的钥匙在哪里呢？

勒·若特尔运用了一个似乎无限的尺度来超越“福开复苑”花园有限的尺度。“无限”也是激发“庄严”感的其中一个条件。凡尔赛的主轴线取消了具象的消失点（譬如一个倾斜的草坡或者一个雕像），而是任其消失在地平线上。视点与消失点之间，没有形成具象呼应，视线在这里是完全自由开放，好像一匹脱了缰的野马，驰骋在广袤的地平线上。所以凡尔赛的主轴线在形式上只有起点没有止点，如果有止点，那就是地平线，这反映了当时路易十四急于抹杀“福开复苑”的存在事实，以成全其太阳王神话的企图，也反映了当时王权挑战神权的野心（图1.22）。然而就是为了满足王权像孩子般任性的野心，凡尔赛花园借助众多天才的努力第一次超越了“花园尺度”达到了地域尺度。通过这一方式，花园将景观吸纳进来，从而创造了一个从人工花园到自然景观的无限延续性，在此，自然和艺术融为了一体。毋庸置疑，路易十四是法国历史上的第一个能够运用自己的权力和魅力，聚集众多天才在很长一段时间里致力于共同创造一个均质的、强烈的、持久的新景观的国王。凡尔赛的建设几乎持续了半个世纪，几乎完全改变了基地原有沼泽地的环境，成为人类改造自然的成功案例。古典主义园林的梦想与阿尔伯蒂（Alberti）的审美思想不可分，也就是说将花园当做一个舞台，在那里人们的视线将因为舞台的秩序而不断地感到满足。

“花园既是舞台”，这一原则同样在英式园林被威廉·肯特（William Kent）、朗塞洛特·布朗（Lancelot Browe）、亨弗列·雷普顿（Humphry Repton）和威廉·钱伯斯（William Champs）等英式

1 凡尔赛宫花园建成后从没有关闭，一直向公众开放，只有园中园（即：皇家主题花园）专供皇室使用。这一时期，体现了人们对民主政治思潮影响下的新的公共空间的认识，这种认识为现代景观多元化、社会性和民主性做了铺垫。——安建国注

图1.21 “福开复苑”花园的中轴线
摄影：方晓灵

图1.22 凡尔赛花园的中轴线
摄影：方晓灵

园林创造者以另外一种形式所运用。这些为英国贵族建造的园林受到那个时期风景画的影响，通过种植和平整土地等来塑造地形，使其成为“值得一画的地方”。通过这样的方式，英国国土被一一转化为“如画”风景（图1.23）。

在英式园林的创造中，对中轴线的抛弃使它得以触及人的感觉。这一混合了洛克[1]式心理学和感性人类的探索使得花园再次向景观开放。这一园林风格的改变反映了当时皇权被分化、削弱，同时感性开始占据理性阵地的现象，指导一切的原则已经不再是几何形式，而是强烈的反差带来的惊讶之余的快感和强烈的感官效果（图1.24）。

在18世纪，吉尔丹（René-Louis de Girardin）侯爵撰写《风景构成》（Composition des paysages）一书将英式园林引进法国。英式“如画”（法语：pittoresque，英语：picturesque）园林成为一种新的艺术形式，一时间风靡整个欧洲大陆。

这一追求感性的园林跟它同时代的浪漫主义艺术形式一样，最令人吃惊的是它的多样性，当时在法国出现的英式公园有“阿蒙农维拉”（Ermenouville）、“黑兹”（le Désert de Rets）、“蒙苏”（Monceau）、“圣-杰姆”（la Folie Saint-James）等。这一系列园林在极不相同的基地上以不同的形式绽放（图1.25）。

启蒙时代的学者一致认为，所有的景观形式都可以像欣赏园林那样通过某种审美规则被欣赏。然而从梦想到现实，距离是遥远的。在19世纪末，工业革命使城市像雨后春笋那样快速成长。许多新事物纷纷产生，如：园艺科学、城市公园与花园、工人住宅区、城市郊区等。蒸汽机的发明使得出游的尺度和便捷度大大增加，乡村和大自然成了人们躲避城市的地方，对乡村和自然的眷恋使得公众的注意力开始转向对自然资源的保护。美国城市公园的兴起和国家公园（自然景观）保护体系的建立推动了景观从小尺度向大尺度设计的转变。

公园最初出现在英国。19世纪上半叶，英国人就开始考虑伦敦在地域尺度下的发展，约翰·克劳迪斯·路登（John-Claudius London）于1829年12月在他的著作《寻找呼吸空间》（Hints for breathing places）里宣称必须保留伦敦1/3的面积作为绿色空间，同时避免房地产投机侵占公园土地，他设想了一个以环状建设区和非建设区间隔布置的辐射型城市结构。

作为一个政治变革的积极参与者，约翰·克劳迪斯·路登在《公共花园》（Jardins publics）杂志专栏下写道：“英国文明已经到达一定的程度，足以令一些上层社会阶层明白，在享受奢

1 约翰·洛克（1632—1704），英国经验主义代表人物，为社会契约理论作出重要贡献。他是第一个以连续“意识”来定义自我概念的哲学家，并提出了“心灵”是一块“白板”的假设。

图1.23　亨弗列·雷普顿的名片：图中亨弗列·雷普顿正在一个将要被改造的公园中勘察地形

图片来源：《野性与规则：法国20世纪的花园和园艺艺术》，作者：让-皮埃尔·勒·当戴克

图1.24　英国式园林的典型平面，1820年

图片来源：《野性与规则：法国20世纪的花园和园艺艺术》，作者：让-皮埃尔·勒·当戴克

图1.25　阿蒙农维拉公园

图片来源：fr.wikipedia,作者：珀西沙代勒

华和他们这个阶层的特权之外，他们还有责任让整个社会都能够享受舒适性。”[1]

在这一乌托邦式社会改良思想的引导下，出现了埃比尼泽·霍华德（Ebenezer Howard）的“明日花园城市”模式，在德国、比利时、西班牙引起了很大反响（图1.26）。

美国的两个先锋人物富兰克林·奥姆斯特德（Frederick Law Olmsted，1822—1903）和安德烈·道宁（Andrew Jackson Downing，1815—1852）深受英国公园思想的影响。他们一致认为非常有必要在美国快速发展的城市中植入城市公园。奥姆斯特德与卡尔沃特·沃克斯（Calvert Vaux）通过一起创造一系列国家公园来实现这个理想，如：美国国家中央公园（344公顷，建成于1857年）和约斯迈特（Yosemite）公园。奥姆斯特德的设计原则是：①尽量保持原有的自然状态，必要时，创造一些戏剧般的场景。②景观建筑师应该尽量避免规则形式。③大面积的草坪应该设置在公园中央。④利用当地的植物来配置边缘植被和公园围墙。⑤道路和人行道应该是曲线型形成环形交通。⑥主要的道路应该跨越整个公园。

另一个美国景观设计先锋的创新点是将“公园”概念扩展成为自然保护区。约斯迈特公园（Yosemite）即是一例，奥姆斯特德通过保护岩石景观而试图保存一个有生命力的自然画面（图1.27）。

奥姆斯特德的思想影响了好几代美国景观建筑师，在1870年和1890年期间，许多年轻的景观建筑师曾经在奥姆斯特德的工作室工作。在获得一定的经验之后，他们都纷纷开设了自己的事务所。那一时期成了美国公园创作的鼎盛时期。这一运动适应了当时城市发展中对健康和卫生的要求，以及政治和审美的需求。

这一代人还提出了城市公园系统概念。1867年，奥姆斯特德将马萨诸塞州公园扩张成了为波士顿（Boston）和布鲁克林（Brookline）服务的第一个公园体系。随后，他的合作者查尔斯·艾略特（Charles Elito，1859—1897）运用波士顿市的废弃地（沼泽、坡地等）建设了波士顿市的公园系统。令人不禁猜想到今天法国景观建筑师吉尔·克莱芒（Gille Clément）提出的“第三种景观”理论是否与此有渊源。

在1883年，景观建筑师霍拉斯·W·S·克里弗兰（Horace W. S. Cleveland，1814—1900）向明尼阿波利斯（Minneapolis）和圣保罗（St. Paul）两个城市建议在城市中建设公园系统，他建议市政府在居民到来之前先购买土地以构建城市公园系统。

---

1 原文："L' Anglerre a atteint un degré de civilisation suffisant pour que les classes supérieurs de la société comprennent que ,tout en jouissant du luxe et des possibilités que lui donne leur position, il est de leur devoir et de leur intérêt de faire que tout le corps social puisse bénéficier du confort."，米歇尔·巴赫洞，《花园：景观设计师-园丁-诗人》，法国罗伯特拉峰出版社，1998，948页。

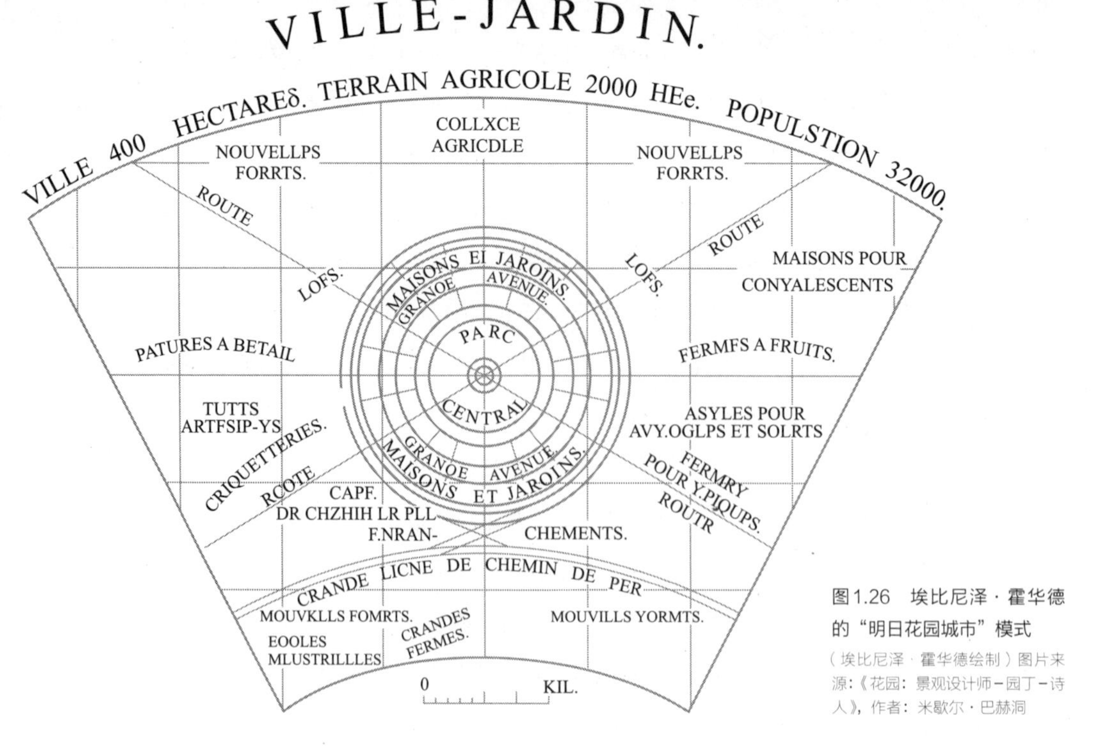

图1.26 埃比尼泽·霍华德的“明日花园城市”模式

（埃比尼泽·霍华德绘制）图片来源:《花园:景观设计师-园丁-诗人》，作者:米歇尔·巴赫洞

图1.27 美国约斯迈特公园

让·伊夫·雷奥耐克提供

这些公园系统形成了美国第一批“绿道”（Greenways）。美国景观建筑师创作灵感不仅受到北美广袤的自然景观激发，而且也深受凝聚启蒙时代精神的英国公园创作活动影响，他们的创作目的有两个：①探索和揭示北美雄伟壮丽的大好河山。②尽可能让更多的人接触到这些美丽的自然景观。民主、自由和平等是整个创造活动的核心灵魂。

在1860年，当中央公园工程接近尾声，奥姆斯特德发起了一个签名活动，目的是为了在公园树立一个道宁塑像。这一活动最终被放弃了，然而当时活动宣言文章的第一部分明确表达了林肯时代的美国景观建筑师的信念：“然而，陶冶美国民众的广袤空间应该得到整治，因为它不属于任何一个人，而属于我们的土地。它从概念到使命都是来自共和政体，它继续给予民众的教育是我们的学校和选举制度所无法给予的，它令各界人士享受到同样的快乐……”[1]

从此，我们被赋予一个全新的视野，这个视野已不再从属于花园或者公园尺度，而是面向整个地域，这已经不再是一些零碎的地块和一些象征着保护或者权力的封闭花园，而是一些由相关性的空间组成的一个地域系统，这个系统与所有人的生存环境有关。在美国民主化进程中，景观的领域被大大拓宽。

同英国和美国相比，法国在城市公园的运动中起步较晚。19世纪末20世纪初，乡村人口不断涌入城市，城市人口不断地增长，使一些城市譬如巴黎急需要扩展工业区和城市郊区。

受到英国城市公园运动影响的拿破仑三世（Napoléon Ⅲ）在伦敦流亡期间，希望为首都改头换面。于是，他任命奥斯曼（Haussmann）为负责人组建一个由阿道夫·阿尔方（Adolphe Alphand，1817—1819）领导的团队，致力于巴黎城市改造工作，其中包括大量的城市公园的建造。很快，布洛涅（Boulogne）森林、凡森（Vincennes）森林、蒙苏喜（Montsouris）公园、战神广场（Champs-de-Mars）公园、巴茨·肖蒙（Buttes-Chaumont）公园，还有当时一些靠近市郊的大型公墓园一个接一个地出现。

虽然受到英国和美国的影响，但法国城市公园的创作中总多少隐藏着复兴法国精英文化的企图，即对几何形式的回归。几何形式作为法国古典园林的主要形式，几乎成为了法国精英文化的代言。

1　原文：“Et cependant, ce vaste espace d’éducation populaire doit être amé nagé en Amérique car il appartient de droit à notre sol plus qu’ à aucun autre. Il est républicain par sa conception même et par sa vocation. Il continue l’ éducation du peuple là où l’ école et l’ urne électorale ne peuvent plus la dispenser, et il donne la même qualité aux plaisir de l’ ouvrier qu’ à ceux de l’ homme de loisirs et de l’ homme de culture.……”，米歇尔·巴赫洞，《花园：景观设计师－园丁－诗人》，法国罗伯特拉峰出版社，1998，1021页。

即便法国著名景观建筑师爱德华·安德烈（Edouard André，1840—1911）也认为在宫殿、奢华的住宅之前、公众的散步区或者有特殊功能的花园里，运用规则形式虽是毫无风格可言，但他依旧相信混合式风格（即规则和不规则混合的形式）是园林艺术的未来[1]。当他在著作《园林艺术》（L'art des jardins）里讲到园林的构成原则时说："统一和变化——整体上要统一，变化在于局部细节。无论自然界和艺术界，这是主宰美的原则，同样也适用于园林。"安德烈关于统一和变化的定义与古典主义关于秩序、尺度和对称等要求非常接近。事实上，法国古典园林的设计原则：整体是古典几何形式，局部是变化的巴洛克形式。凡尔赛公园就是用一些规则的大型轴线串联起来的一连串漂亮的巴洛克珍珠。

真正对几何形式的回归运动开始于亨利·杜申（Henri Duchêne，1841—1902）。亨利·杜申是艺术与职业学校毕业的工程师，阿尔方（Alphand）工作室研究部负责人，从1877年开始成为独立从业建筑师，他的儿子阿奇·杜申（Achille Duchêne，1866—1947），继承父业成了第二帝国时代反对"软绵绵"、不规则的新古典主义风格的主要代表人物。在他众多的项目中，阿奇·杜申严格修复了文艺复兴和巴洛克花园中的轴线。

阿奇·杜申认为，未来的花园并非由风格归类来定义。他将他的思维导向大型的文化公园，如同在他的著作《未来园林》（Les jardins de l'avenir）中写道："园林艺术，从社会角度来说，并不仅仅是解决审美问题。""未来园林就像现代社会那样，将为理想的'美'和健康、道德规范的树立而服务"。[2]

然而在这一回归"规则"形式的运动中，我们不可能忽略的是隐藏在其后的对传统精英文化的眷恋。这一带有民族主义色彩的情感被当时的记者——路西·科贝什（Lucien Corpechot）在1921年出版的著作《天才的花园》（Les jardins de l'intelligence）中赤裸裸地呈现出来："法式园林（le jardin à la française）所表达的永恒的智慧不仅属于天才，而且属于民族。"[3]

于是通过阿奇·杜申的努力，"几何样式"摆脱了一贯受到批评的慵懒、虚荣和无聊的形象，而被赋予新的社会和经济意义。然而具有讽刺意味的是，所有阿奇·杜申项目的顾客几乎都来自非常富有的阶层。新古典主义最终落入与"不规则式"园林同样的命运：这些园林式样最初产生于对民主化的要求和希望中，但最后都没有逃脱被富有阶层所占有的命运，具有矫揉造作的形式。之后，让-克洛德·尼古拉·福雷斯蒂尔（Jean-Claude Nicolas Forestier，1860—

1 爱德华·安德烈，《园林艺术》，法国巴黎马松出版社，1879，148-151页。

2 阿奇·杜申，《未来花园》，法国万桑富劳阿出版社，1935，2-3页。

3 让-皮埃尔·勒·当戴克，《野性与规则：法国20世纪的花园和园艺艺术》，法国巴黎导报出版社，2002，18页。

1930）以一种全新的方式继续阿奇·杜申的道路。历史学家让－皮埃尔·勒·当戴克（Jean Pierre Le Dantec）所说：福雷斯蒂尔充满民主精神的现代诠释，来自曾经主导美国城市大公园的创造活动。与他的同僚相比，福雷斯蒂尔拥有一个非常开放的视野。从一开始，他就注意融合两个互为补助的方向：园林创作和城市规划。接下去，根据富兰克林·奥姆斯特德创造的公园系统，福雷斯蒂尔表达了他与“巴黎市政官员狭隘的视野”相左的观点。在他的著作《大城市和公园系统》（Grands villes et systèmes de parcs）中，福雷斯蒂尔建议考虑聚落尺度，他说“如果我们认定巴黎被其城墙所限定，那是一个错误。”[1]（图1.28）

规则园林的回归是对第一次世界大战之前一代人所寻找的“秩序、进步和传统”的最佳形式答案。这一几何化的趋势将被转化成“立体主义”，继而被缩减成一种由单线条和纯色彩构成的“装饰艺术”模式。

这一规则式风格和城市规划之间的关系，因为勒·柯布西埃（Le Corbusier）所主导的《雅典宪章》（La Charte d'Athènes）和他的“三百万居民现代城市”规划而得到强化。传统的规则式园林被简化成不受视线拘束，并且最大限度得到阳光照射的完全自由的空间（图1.29）。

同时“园林”被认为是一个陈腐的学院概念，而被柯布西耶时代的人所抛弃。基于《雅典宪章》的城市规划中，“绿色空间”代替了“园林或花园”。20世纪50年代，所盛行的集体大型住宅概念中已经不再出现“花园”概念。柯布西耶赋予绿色空间以一个功能性的价值——一个地块：“在住宅区，将会与建筑体量相混合的绿色平面不再只具有美化城市的作用，它首先应该扮演一个功能性的角色……它们应该是住宅功能的延伸，并且完全服从它们作为地块的功能性质。”[2]

就这样，依据《雅典宪章》原则，园林和公园的创造被简化成（在城市尺度下）总平面上对空地单纯地“绿色化”。然而从本质上看，这一对传统的抛弃却是以另一种方式重新运用传统形式。如同勒·当戴克（Jean Pierre LE DANTEC）所说的：“……让人最感惊讶的是法国最传统的园林艺术，在黄金三十年以一个简化的城市术语得以回归：绿色空间。”[3]

然而，在“黄金三十年”（les trente glorieuses）中世界发生了根本的转变。从1945年到1973年世界经济合作与发展组织（Organisation for Economic Co-operation and Developlment）大部分成员国经历了经济的快速发展。同时社会也被转型成消费社会。世界大战之后的重建和农村

1 让－皮埃尔·勒·当戴克，《野性与规则：法国20世纪的花园和园艺艺术》，法国巴黎导报出版社，2002，183页。

2 弗兰斯瓦·达皋涅，《景观之死》，法国尚巴龙出版社，1981，33页。

3 阿兰·考宾，《景观中的人》，法国特克斯丢勒出版社，2001，11页。

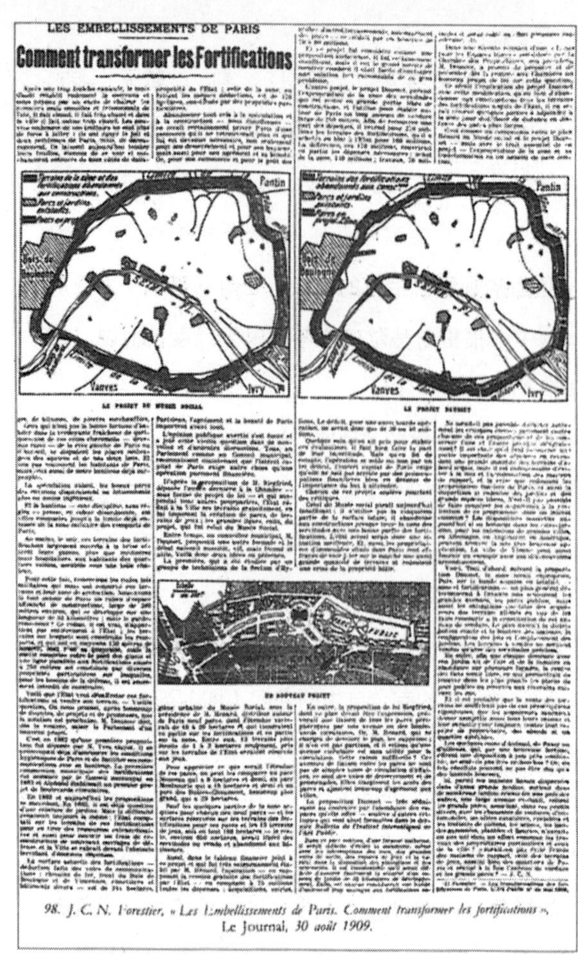

LES EMBELLISSEMENTS DE PARIS

Comment transformer les Fortifications

LE PROJET DU MUSÉE SOCIAL

LE PROJET DAUSSET

UN NOUVEAU PROJET

98. *J. C. N. Forestier, « Les Embellissements de Paris. Comment transformer les fortifications »,* Le Journal, *30 août 1909.*

« Comment transformer les fortifications ? » (article de J. C. N. Forestier, dans *Le Journal*, 30 août 1909).

图1.28　让-克洛德·尼古拉·福雷斯蒂尔发表在1909年8月30日日报上的文章：“如何改造（巴黎旧）城墙”

图片来源：《野性与规则：法国20世纪的花园和园艺艺术》，作者：让-皮埃尔·勒·当戴克

图1.29　三百万人口现代城市（水彩画，由柯布西埃绘制）

图片来源：《野性与规则：法国20世纪的花园和园艺艺术》，作者：让-皮埃尔·勒·当戴克

人口向城市移民是导致城市膨胀的主要原因。随之而来一系列的问题：大批量的生产、买卖、消费甚至浪费（水、垃圾的堆积、不可循环使用的材料运用，尤其是包装）成为这些国家城市居民习以为常的行为。新的工业区的出现深深改变了这些国家的经济脉络和社会本身。农业的现代化（机械化、化肥和农药的使用、对植物和牲畜品种的筛选等）导致了全球性的生产过剩。20世纪60年代末，法国农村的变化已经非常明显。然而农业生产方式的变化所导致的对环境和社会的影响却没有被预料，如人工劳力的减少、农药对水源和土层的污染等。

1968年学生运动暴露了隐藏在社会进步之后的危机。正是在对源自《雅典宪章》的现代性可靠性的质疑中，新的问题慢慢在景观领域浮现。1982年，法国环境部（城市和景观方向）在里昂召集专家举行题为“景观之死”（Mort du Paysage）研讨会。会议认为“地理和审美意义上的景观已经不存在……曾经多彩、和谐、田园牧歌式的生活已经结束了。美丽如画的景观成为了过去。”[1]

自从文艺复兴以来，通过科学技术的发展和工业社会的建立，人类似乎掌握了凌驾于自然的力量。然而，具有讽刺意味的是，越来越多的科学发现却向我们揭示，事实并非如此简单。

宇航学让我们可以遨游太空，可以从月球上遥望我们的地球，可以探索火星和金星的表面。但同时，它也在我们面前揭示了一个全新的世界。我们开始讨论相对性、辐射和量子物理学。依靠卫星，我们明白了地球其实就是一个所有生命共享的球体，是一个生物圈，我们对它的破坏和扰乱是无法恢复的。“生态”和“环境”两个概念虽然只出现了一个世纪左右，但现在已经成为了很多领域的常用语。所有这些现象反映了人们正在思考人与自然的关系。这些思想和忧患意识促成了1997年12月的关于减少二氧化碳排放的《京都议定书》的签订。从此以后，我们知道人与自然之间的关系不只是一个技术问题。我们的命运与那一层薄薄的生物圈息息相关，我们必须要关怀地球留给我们的自然资源。

科学令我们重新回到了神秘天空和深远大地的怀抱中。正是在这样一种氛围中出现了行星和宇宙维度。一些景观建筑师、研究者和“Earth work”大地艺术家在这一维度下展开工作。一些当代艺术家就像立体主义艺术家那样重新回到原始艺术中，通过把地球表面直接当做艺术表现载体来强调大地与宇宙的联系。“从博物馆走出去”；“投入景观”；“在自然中与自然一起工作”成为了这些艺术运动的口号。

---

1 阿兰·考宾，《景观中的人》，法国特克斯丢勒出版社，2001，9页。

园林艺术也正在回归到创作领域，因为在园林中，我们才懂得了人与宇宙之间的关系应如何处理。然而，这一次，园林和景观的创作已经不仅仅是一个审美问题，而是具有了一个更广阔的尺度，它与人类生活质量和人类与环境的关系相关。

新一代的法国景观建筑师杰克·西蒙（Jacques Simon）、捷克·斯伽（Jacques Sgard）、阿兰·普孚斯特（Allain provoste）、米歇尔·高哈汝（Michel Corajourd）、吉尔·克莱芒（Gille Clément）、伯纳德·拉索斯（Bernard Lassusus），在他们的工作中通过融合艺术、城市规划、自然科学、人文科学等而带来了多维度的创作活动（图1.30）。

与“黄金三十年”传统的园艺学断绝关系的新一代景观建筑师有能力回应所有种类的项目，如：园林、公园、城市中心景观设计、环城和大型交通设施、“大景观”的规划工作等。这一次革命并不仅仅单纯地扩大了景观概念，而是对审美观的一个颠覆。生态有限性的发现使我们认识到地球上生命的“量”是有限的，而且是不可逆转的。人不是地球的主人。一旦扰乱了自然的秩序，就无法令它重新回到有序状态。人类掌握的力量即便再大，也无法保障其生存条件。人类只能通过改变目前的生活模式和价值标准来寻求出路。

从这个思路出发，法国景观建筑师吉尔·克莱芒（Gilles Clément）发展了“运动中的花园”、“第三种景观”（Tiers-paysage）和“星球花园”（Jardin planétaire）理论。

“运动中的花园”代表作在巴黎雪铁龙花园中。主要理念是跟随自然植物的演替，融入到给基地带来活力的生态系统，并对此加以引导，植物不是一种固定存在的物体。自然的演替成为景观设计师的工具。其原则是“尽可能多地顺应自然，尽可能少地违背自然”。在实践中，大量利用地方植物，甚至通常认为应该锄去的“野草”。“花园”将随着时间的流逝，随着不同人群的介入而不断改变面貌。这与通常意义上的园艺不同。

“第三种景观”是在“运动中的花园”基础上更深入地对日常、通俗，甚至被认为毫无价值的景观进行研究而提出的概念。主要针对一些未被界定的模糊地域，譬如一些废弃地（城市的、乡村的、路边空间、铁路周围的空地等），同时也包括一些人类不容易进入的地段（如山顶等）和没有被人类劳作过的地段（如沙漠、沼泽、荒野等）。由于人们暂时不知道如何对待这些模糊性地段，从而使这些地段被自然占领。吉尔·克莱芒认为：这些在我们通常意义上认为景观劣质的地块，事实上是天然的自然储藏，这些自然的宝库对人类未来的生存具有重要的意义。

第三种景观理论在实践中的运用，最重要的原则是给这些景观以安静，尽可能不打扰它们。其最有象征性的代表作是位于里尔市的马蒂斯（Henry Matisse）公园（图1.31）。公园占

图1.30　里尔市的拉德勒公园，景观设计师：杰克·西蒙

杰克·西蒙提供图片

图1.31　马蒂斯公园

摄影：方晓灵

地8公顷，位于新的“欧洲里尔”（Euralille）市区中心。基地位于里尔老城入口之一和“里尔－欧洲”火车站之间。火车站庞大的土方工程为基地留下了一个大土堆，并启迪了吉尔·克莱芒及其创作伙伴的项目灵感——很简单：在城市正中心保留一个储藏自然的地块。让自然在这里自由生长，没有任何人工干涉，除了项目初始种植的植物；也就是说在城市中心保留一块“废弃地”。这一自然的地块大部分由基地原有土堆组成，面积3 500平方米。它是人们不可进入的“城市孤岛”，名为德宝汉斯（Derborence）岛。岛的形状来自新西兰一个失落在南太平洋的小岛：Antipodes岛。德宝汉斯岛的四周由水泥现浇成护坡，形成悬崖。德宝汉斯岛是马蒂斯公园的中心，其余部分由靠近车站的大草坪和基地另一头的向四个花园敞开的树林组成。

“星球花园”主要表达一种看待我们所生活的星球的方式。吉尔·克莱芒认为：地球几乎已经没有人迹不可达的地方。其实地球就像一个花园。“星球花园”的概念以复杂而相关的方式来看待地球，关注地球物种的多样性和人类面对这一多样性的管理作用。星球花园的概念来自三个理念：生态有限性、全球混合状态、地球表面人工覆盖物。“星球花园”是在最少的空间里人性地思考生态的方式——花园。它的哲学原理来自“动态花园”：“尽可能多地顺应自然，尽可能少地违背自然。”“星球花园”的宗旨在于寻找如何才能探索和利用其多样性而不至于摧毁它。如何才能让这个地球“机器”继续运行，让花园的花盛开，让园丁各司其职。

从此，废墟和杂草具有了新的意义，如同吉尔·克莱芒所说：“废墟，它跟一个花园的时间尺度完全吻合……事实上废墟通常拥有非常丰富的植被，特别是草本类植物…… 这里杂草和‘好草’没有实质上的界限。”“在这世界编织一个花园的故事；在花园里编织世界的故事；向未来打开一条通向地球生态有限性的道路。”

今天的景观项目具有多种尺度和形式。景观成了社会、生态和政治上的重要方面；是艺术和科学、古老封闭花园和我们的星球之间的联系。而“花园”这一概念已经不仅仅是与世隔绝的伊甸园，也不再是“小国寡民”式的桃花源，而是面向大地和世界敞开与现代景观学科融为一体。今天在全球化的体系下，每一片土地的命运都与世界命运息息相关，每一个个体的生存都无法离开他人对地球的关照，作为“地球公民”，我们要精心关照的不仅仅是我们脚下的一片土地，而是我们所居住的星球！

第2章 教育实践

环境的概念、对生态的担忧、对自然的期望，为我们描绘了景观设计概念的雏形，让我们更深入地定义景观设计。

La notion d' environnement，le souci écologique，le désir de nature contribuent à brouiller la notion de paysage，que nous nous efforçons de préciser.

— Alain Corbin

2.1 近代法国设计思想的演变

2.1.1 20世纪法国的设计思想

景观一词的意义丰富并被应用于不同领域，但早已不是文艺复兴时期的概念了。从16世纪风景画创作到21世纪的景观设计，明显注意到规划尺度上的变化，如：从花园到公园，从土地规划到公共空间和城市基础设施建设等，但不论什么尺度、什么时期，从风景画到景观设计的演化过程，都注重表现不同构建形式的和谐。景观成为社会不断演化过程中的稳定因素，从未回避社会问题。在18世纪，欧洲资产阶级结束了贵族文化及其社会机制后，思想与人性的自由孕育了景观文化的诞生，并使景观文化深深地渗透在法国社会之中，成为祥和富足的源泉，使人们和谐地生活。19世纪中叶欧洲地理学家首次在地理学领域使用“景观”一词。1906年1月26日在法国古迹保护法中首次提到保护古迹和古迹周边有艺术价值的自然景观。20世纪景观承载着多种意义和价值，并被历史学家、社会学家、哲学家、地理学家、规划师和艺术家等所研究和使用。如在20世纪90年代，勒沃（P. Leveau）著有《景观历史》(《L' histoire du Paysage》)，布朗丹（P. Blandin）和拉茂特（M. Lamotte）著有《景观与生态》(《Paysage et Ecologie》)，皮特（J-R. Pitte）著有《景观与地理》(《Paysage et Geographie》)，卡巴奈勒（J. Cabanel）著有《景观与规划思维方式》(《Paysage et Modalite d' amenagement》)，拉外聂（D. Lavergne）著有《法国乡村景观的未来》(《L' avenir du paysage rural francais》)，格鲁（C. Grout）著有《艺术介入空间》(中文版)，贝克（A. Berque）、考南（M. Conan）、道那地奥（P. Donadieu）、拉索斯（B. Lassus）和罗杰（A. Roger）五人合著的《对景观理论的五个建议》(《Cinq propositions pour une theorie du paysage》)，贝克（A. Berque）在其著作《景观的理由》(《Les raisons du paysage》）中讲道：景观是一个相对的不断变化的实体，在那里自然与人类社会、环境与不同的审视角度在不断地相互影响，他认为景观是相关元素间相互影响的产物，是有形世界和无形世界的媒介。21世纪初，考宾（A. Corbin）著有《在景观中的人》(《L' homme dans le paysage》)，格鲁（C. Grout）著有《重返风景》(中文版)，柏兹（J-M. Besse）著有《世界的品味——景观的运用》(《Le gout du monde–Exercice de paysage》)，提柏甘（Gilles A. Tiberghien）著有《在艺术中的自然》(《La nature dans l'art》)。随着实践的深入和理论的逐步完善，法国在1993年以立法的形式明确了景观的科学性和社会服务性，法律要求新的建筑（其风格和功能）应融入景观之中。1993年法国《景观法》的颁布是公众对景观身份特征认知的分水岭，景观一词也由此成为各个领域的时尚议题，作者试图通过对空间和土地的研究来寻找一种能被人的生活尺度所理解的空间形式，并在其中寻求思想与文化的平衡。

地理学家在提及景观时，常用地貌学和生态学来诠释景观。从这两者上说，景观的历史就是景观形成和演化的过程。这个过程取决于技术、地表形态、自然内部的演变，植物动物的演化，生产和交换系统，尤其是人的介入形式。这种唯物主义的景观设计定义在很长一段时间内占主导地位，但之后由于哲学家、社会学家、人类学家的参与使人们对景观的认知更加丰富全面了。

Les géographes，quand ils évoquent，décrivent ce qui s' impose avec le plus d' évidence ；c' est à dire ce qui ressortit à la morphologie et à l' écologie. Pour eux，l' histoire des paysage est celle de la manière dont ils se sont formés et dont ils ont évolué，selon la technique，le modelé，l' évolution des milieux natures，celle de la flore et de la faune，les systèmes de production et ainsi que，plus généralement，selon les modes d' intervention de l' homme. / Longtemps a dominé cette notion de paysage défini par sa matérialité，puis la réflexion s' est compliquée grace à l' intervention des philosophes，des sociologues，des anthropologues.[1]

20世纪60年代

德国地理和物理学家卡勒（Karl Troll）于1928年说：“景观的可见部分定义着现代地理的内容”（Le contenu visible du paysage détermine le contenu de la géographie moderne）。在第二次世界大战之后直到20世纪60年代涉及景观的文章都发表在地理刊物上。1939年卡勒提出了“景观生态学”概念（Landschaftsokologie）。在20世纪40—50年代，地理学家感兴趣的是乡村景观（图2.1），法国人迪翁（Roger Dion）于1934年出版了其著作《法国乡村景观的形成分析》（《essai sur la formation d' un paysage rural francais》）。

在第二次世界大战结束后到20世纪60年代，以法国为代表的西方国家基本解决了由战争带来的居民住房紧张问题。法国在此期间放弃了北非殖民地，并吸收了大量从其殖民地国家来的移民，用以回应战后巨大的劳动力紧缺问题。这些移民的主要工作都与建筑和城市规划有关，包括城市绿化和园林工程。经过约20年的战后恢复建设，法国社会趋于稳定，主要的大规模建筑工程（尤其是社会福利房）接近尾声。于是在60年代中期对建筑质量和其周边环境质量的改善问题提上议事日程，法国决定改变应急的速建工程，加强对工程质量的审核。社会要求提高环境的质量，曾被忽略的城市社区公共绿地和城乡交界设计成为这一时期景观设计的重要内容，国家政策倡导景观保护和景观开发并存，同时也结合景观制定了旅游业的相关法规。20世纪60年代，对植物的运用成为景观设计师（在当时有景观设计专业但没有景观设计师文凭，只是园林设计师）有别于城市规划师和建筑师的首要特征，以绿化式为主的景观设计在城郊和乡村很普遍，人们仍然用园林的审美方式去认识景观。然而，对植物在空间中的体量

1 阿兰·考宾，《景观中的人》，法国特克斯丢勒出版社，2001，11页。

图2.1　法国乡村景观示意图
安建国绘制（见书末彩插）

研究及其在视觉空间上的分隔作用使大尺度的空间意识逐渐开始渗入。

20世纪60年代的巴黎，大部分外来劳动力移民和巴黎普通市民由于住房紧张和昂贵的房价被迫迁向城郊，大规模的社会福利房如雨后春笋一般在巴黎外围兴建，人们俗称卫星城。这些卫星城配以地铁等公共交通使巴黎大区的人口分布基本均衡。60年代的政策导向主要是解决住房问题，景观设计处于次要从属地位。在社区楼群中的公共空间大多是铺草皮和植树，各个公共空间之间缺少交流性设计，多数建筑师和城市规划师用绿化填充建筑空隙（原因之一是树木可以再次调整和分割空间，原因之二是缺少社区公共空间景观设计的研究）。

20世纪60年代法国进入繁荣时期，景观设计师（在这个时期更确切地讲是园林设计师）仍然进行着以植物装饰为主要表现手段的私人花园及公园的设计，由于旅游业和服务业的兴盛促进了城郊和乡村的景观改造，很多园林景观设计师突破传统职业框架开始尝试尺度更大的土地景观改造。在这一阶段并没有标志性工程，与其说设计景观，不如说发现和参与景观改造，景观设计师用绿化的手法结合地貌特征调整景观或分割其土地功能。

在田野里我们可以发现精心设计的小树林和用树列（10 ~ 20米高的树列，5 ~ 10米高的灌木树列，1 ~ 3米的树篱）围隔的田野和草地，既明确地划分了土地界限，也给田间增添了空间层次（图2.2）。田间的河渠和小路旁的树列经常与田野间的小树林（面积一般不大于半公

图2.2　法国乡村的田野
摄影：安建国（见书末彩插）

顷）相连，形成立体的网状植物群落，它们与农田和牧场一起构建了和谐的生态系统，小树林为动植物提供了栖息地，树列成了动植物的生态廊道。

这种以树林和树列在田间分割不同区域和调整空间视域层次的做法最早起源于中世纪的垦荒（公元11和12世纪），人们砍伐森林开垦农田时保留了界定农田区域的树列，这些存留千年的树列今天已成为自然文化遗产，它们有效地维护着生态系统的平衡。18世纪在英国掀起的圈地运动（1777年英国皇家法令颁布）使私有土地有权圈围和标注，人们主要移植邻近森林的树木和带刺的灌木来界定自己的私有领地。20世纪初由于农业机械化生产使大片农田、树篱和小树林被迫砍伐，使田野变得空旷无际。20世纪中叶后，人们重新意识到农田树篱和小树林的生态意义及其景观审美价值，农田树篱和小树林的种植方向和不同高度可以调整丰富的视域，减缓风速保护农田，减少建筑腐蚀，可使牧场的奶牛产量提高，延长牧场草皮的存活时间，发展农耕地区的动植物多样性，还可以提供稳定的动物栖息地，营造微观物候环境。不仅如此，这些农田树篱和小树林还可以减缓地表的水流速度，增加地下含水量，保持土壤湿度恒定，减少水土流失和洪灾，于是20世纪60年代自乡村开始结合农业生产的大尺度景观设计成为景观设计学科跳出园林束缚的重要跳板。随着景观设计对环境与自然的进一步介入，1971年法国出台《环境与自然保护细则》法规。

20世纪70年代

这一时期是一个由乡村景观设计向城市景观设计发展的启蒙时期。经过近十年的发展，景观设计逐渐扩大其设计范围，学科研究动向逐渐明晰。这是法国景观教育和实践的重要探索时期。景观设计学科于1975年在法国凡尔赛国家园艺设计学院正式命名，凡尔赛国家园艺设计学院于1995年更名为凡尔赛国家景观设计学院，该院于20世纪70年代开始由园艺教育向景观教育转变，这个转变的过程漫长而坎坷，没有人清楚景观设计到底应该做些什么，但社会生活对景观有着越来越清晰的需求，人们要求社区的景观设计更有生活味道，能看到更多的绿色，能向人们提供使用绿色空间的机会。人们要求景观质量，但又很难对其准确定义。

在这一时期的大量设计中，主要体现着设计师的主导性，设计师明确提出设计理念，并试着引导使用者按照设计师的意图来使用空间，事实上，使用者是被动地接受设计，空间中的一切都被设计师操控着。

景观设计师在20世纪70年代已经能对空间、植物、视域和功能等进行严谨的分析，并且经常尝试通过现代的表现手法再现园林的精巧，在大型的公园和绿地设计中，我们经常能注意到经过细心雕琢的地表起伏和竞相斗艳的“观赏植物”，这些曾被这个时代的景观设计师认为是景观设计的基本能力。

亚克·斯格尔（Jacques SGARD）是法国景观教育的先驱之一，他于1972—1983年间设计完成了法国巴黎东郊南戴尔市（NANTERRE）的安德鲁马勒鲁公园（Andre Malraux），这是该时期极有代表性的作品。亚克经常在景观设计中表现出一种线条与空间的柔美，他强调整体空间中的视域设计和空间识别定位系统的设计，努力尝试在其营造的城市景观中减少噪声、建筑的影响、交通的干扰等，并引导漫步者接近水源。他所设计的城市公园经常没有围墙，但与城市基础设施紧密相连，在城市中再现自然。亚克的设计完美地融合了草地、树林和池塘，这种近似于唯美主义的表现手法成为20世纪70年代景观设计的视觉特征。然而，在其设计的空间中仍不失人与自然的空间尺度研究，亚克采用密集式的植树方式，随着时间的推移来保留和移植树种、调整绿色空间，这种做法在当时广泛流行。

亚克在安德鲁马勒鲁公园（Andre Malraux）表现了几个不同的主题，如：植物园、公共活动空间（可提供露天音乐会的场所等）、休闲空间、凝思的地方（山冈和水塘边）、儿童游乐园（图2.3）……，亚克认真地研究了公园场址原有地形，并巧妙地加以利用来塑造地表起伏。三个高度相近而平缓的山冈创造了三种不同的景观特征，他在低洼处扩建水塘，收集利用雨水，根据土壤湿度变化培植不同植物，将观景台探入芦苇深处，面向水塘聆听蛙声，这种宁静而使人沉思的空间是景观设计中极具魅力的地方。公园中心的水塘和与其相连的水渠都是人工制造的，并自动循环，池塘中心的水深为3米，是为了避免在炎热的夏季，水温升高太快导致水体缺氧、藻类滋生。在水塘边时常种满芦苇，用以限制游人在水边活动，保护河岸草皮，将水生植物种植在石灰和泥炭混合的土壤中，并穿孔使之透水透气。植物的被运用是亚克景观设计的主要特征，也是他组构空间的主要元素，植物可以创造不同的空间气氛和不同的景观视觉效果，植物也可以很容易地扩展空间并丰富空间色彩。

在20世纪70年代，真正使法国景观教育开始改变的客观动因是工业化和城市化发展与改善人居环境之间的矛盾。欧洲的百年工业革命使其在20世纪形成了“工业化”和“城市化”两种形象，在20世纪初，工业区安置在距离开发资源不远、交通便利，便于集散劳动力的城郊。然而，城市周边地区逐渐形成了具有城市特征的工业城区，这些工业城区与城市的交界处成为模糊的空间。

法国的城市随着城郊的延展而扩大发展。第二次世界大战以后的功能主义设计使土地分配和农业耕地支离破碎，反而带来了很多包括功能意义上的总体协调发展问题，很多散乱的土地分配自第二次世界大战到20世纪70年代形成了一些无法确定身份的孤立的空间土地，这些（处于城郊）既不属于城市也不属于乡村的模棱两可的空间成为70—80年代景观设计新的研究对象。70年代中期开始直到80年代末法国景观设计由乡村渗入城市，研究焦点在城市入口的景观设计上，人们希望城市的布局更符合居住需求，欧洲的主要城市布局受到百年工业革命的巨大影响，多数城市入口的形象是大片的工业厂房和库房，大型的货运汽车带着尾气污染穿梭于城市之间。

欧洲的工业革命在20世纪60年代结束后，人们开始重新思考新的城市布局和城市入口形象。由戴斯维聂（Michel DESVIGNES）和达勒恼克（Christine DALNOKY）设计的法国南部蒙彼利艾市（Montpellier）芒德芳斯（Avenue Mende-France）大街成功地连接了机场和市中心，它是成功的城市入口设计（图2.4，图2.5）。宽阔美丽的林荫大道由高速公路直至丽兹河，这条绿色走廊在视域内适度地分隔了来往车流，并在空间上用植物分布的疏密来消解噪声，往返机动车道之间的绿化带有10m宽，除了意大利五叶松（Pin parasol）外还种植1 ~ 2米高的矮灌木，使车辆半隐藏在绿化带中，也避免了机动车远光灯造成的夜间光污染。在进入城市的5km车程中，汽车穿越绿化带具有极为舒适的视觉享受，设计师精心设计了70km/h车速下视觉所能捕捉的物像。芒德芳斯大街的植物栽培借鉴了法国传统园林错位栽培法（由两组树木或灌木相互错落形成约45° 角的斜线开放口，但整体的树木或灌木连贯成线，既有错落有致的视觉开放区又不失整体性）（图2.6），整条大街只种植一种意大利五叶松。这种松树是蒙彼利艾地区特有树种，四季常青。当我们驾车前行时随着视觉的韵律，右侧的视觉开放区明显指示着周边的用地特征（工业区、商业区、居住区……）。左侧则呈现多层次植物栽培的视觉纵深感。这条林荫道是通向城市的标志，茂密的树林给附近居民提供了一个休闲的地方，意大利五叶松和这条林荫道一起构成这个城市的身份特征。

20世纪80年代

在法国乃至欧洲的20世纪80年代及以前，景观设计经历了以植物为主要表现手段的（在空间意义上）造型和色彩表现时期，大多设计师在极力用植物营造景观。他们细心地布置植物的高低空间层次，搭配以不同开花季节为线索的植物色彩，把植物作为欣赏元素定义在景观设

图2.3　安德鲁马勒鲁公园的儿童游乐园
摄影：安建国

图2.4　蒙彼利艾市机场快速路（一）
摄影：安建国

图2.5　蒙彼利艾市机场快速路（二）
摄影：安建国

图2.6　芒德芳斯大街

安建国绘制

图2.7　“大海全景的感知”

摄影：Eustachy Kossakowski

计中，直到今天仍有很多景观设计师认为这是景观设计的主要内容。

在20世纪80年代的法国景观界乃至艺术界都再次受到东方思想的影响，这种影响主要集中在中国传统艺术表现理念——“空”和“满”上。这在法国被认为是日本园林设计理念，这是因为中国在改革开放以前的政治经济和文化封闭使欧美对中国了解甚少，而日本在80年代前就已经开始向欧美发达国家传送文化和经济信息，致使很多源于中国的传统文化被认为是日本文化。中国留法著名学者、法兰西院士——程抱一（François CHEN）在80年代翻译诠释了很多中国哲学论著，使中国哲学文化思想在法国获得了准确而高层次的传递。但遗憾的是，直到今天，大多法国景观设计师对于“空”和“满”还停留在视觉形式感的理解上，很多景观设计作品倾向柔美的线条表现，综合东方园林的移步异景和法国园林的开阔视野以及几何透视来塑造理想中的现代园林。在这个时期的景观作品评论中，开阔的草坪被认为是“空”，视域的阻隔被认为是“满”。人们对异国情调的追求与融合在90年代末就渐渐失去了兴趣，这是因为在西方文化思维中没有中国文化的感性实践经验（甚至于在17世纪的欧洲科学否认感性）。中国医学的针灸术在80年代前还被很多欧洲人看成是巫师的行为，以西方的思维方式很难理解人体气脉和宇宙能量的转换运行，但有趣的是，西方的行为艺术从另一个角度填补了空间感性认识的空白，而且行为艺术的探索使处于空间中的使用者更直接有效地理解和反应空间。

波兰艺术家康道尔（Tadeusz Kantor，1915—1990）的行为艺术研究对景观领域的探索有着积极的影响。康道尔受欧洲的结构主义、达达艺术、下意识绘画、超现实主义的影响很大，他在20世纪60年代来到美国探索美国的极简主义、波普艺术和大地艺术，70年代后他旅居法国巴黎建立了波兰艺术中心并创作了大量优秀的行为艺术作品。如：《大海全景的感知》（《Panoramic Sea Happening》，1967）（图2.7），这件作品的创作使行为艺术本身突破了肢体行为表现的框架，使行为艺术的表现更注重空间与肢体的对话，使行为艺术成为重新认知空间的媒介。艺术家在大海面前设计布置了舞台，艺术家和观众置身于大海之中，沉浸于浪涛之声，思想漫游在无际的天海之间，呼吸着海的气息，肌肤感受着阳光的妩媚和海风的清凉……然而，是艺术家使大海所拥有的这一切魅力获得再现。在图片中，第一视觉形象是艺术家在大海面前指挥着“自然交响乐队”，艺术家的这一形象所引发的联想和思想变化使大海获得了新的关注，在艺术家背后的观众（或听众）也成为大海的诠释者。他们呼应着艺术家让大海超越了视觉形象的表达，从而调动了一切人类特有的思维和感知元素，并刺激了人类本能的创造性。在这件行为艺术作品中有景观设计对空间感知研究的启蒙，当大地艺术以立体的空间形式刻画土地特征和接纳人的存在时，行为艺术则以肢体感知的介入方式补充了人对空间的理解，尤其是通过视觉表现而获得的非视觉理解的内容。

在20世纪80年代，行为艺术对景观的启发和研究与历史学家、哲学家、地理学家和生态学家一样是一种探索方式，尽管在当时并没有被景观设计教育界认可和采纳，但行为艺术的探索在理论和实践上奠定了90年代后的景观肢体感知研究的基础。

景观的大众认知首先需要一个具体的贴近生活的物质化过程，对生态学和人居环境的研究是实现这一物质化过程的手段。因此，在这一时期景观设计通过对生态学等自然科学的研究，使景观设计迅速地吸收了具体的科学技术手段，开始具体地改造环境，提高生存环境质量，生态景观设计的呼声自欧美席卷全球，此后受到生态景观设计启发的生态建筑如雨后春笋一般出现，欧洲各国都在教学和实践上积极地探讨建筑与景观的结合方式，法国波尔多国家高等建筑景观设计学院和里尔国家高等建筑景观设计学院就是在这种尝试中诞生的。自1989年开始，法国内阁每年组织评选一次法国景观设计奖。由于世界经济的发展，人口流动加剧，世界污染剧增，全球变暖，人居环境受到严重威胁。在这种背景下，20世纪80年代中期，法国提出了以改善人居环境、维护生态平衡、合理规划城市尺度和推进现代人文社会发展的景观设计研究课题。装饰性的园林景观无法满足社会需求，法国景观界趋向于大尺度的景观和日常生活中的景观研究与开发。

20世纪80年代，法国的国家管理政策倾向于“地方分权”，即：中央放权给地方，增加地方管理自主性，各地区人民代表掌握着本地区的土地规划决策权，百姓在政府各项决策中的参与机会更多、更直接，在所有的公共项目中必须由当地百姓根据其生活需求提议规划设计目标。这种深入的基层民主做法避免了很多历史性失误，也使规划设计更人性化和实用化，于是设计师与使用者之间的关系逐渐地发生了变化，设计师不再主观臆断地创造，而是更多地理解和接受使用者的生活方式，尝试着通过设计为使用者提供和完善更丰富的生活空间，如：为了减缓交通压力，巴黎政府欲于80年代在圣马丁水道之上修建穿越巴黎市中心的高速公路，在当地居民的强烈反对下，该方案搁浅，90年代后经过景观规划的圣马丁社区成为巴黎人居环境改造的典范，如果当时修建了这条高速公路，今天圣马丁水道将成为巴黎的遗憾。

随着不断的实践和教学改革，法国在1980年后成功地整体进入了景观教育与研究时代。凡尔赛国家景观学院（école nationale supérieure du paysage de Versaille）作为景观设计教育改革的前身，为法国的景观教育事业做出了卓越贡献。除此之外，法国根据物候和生态类型上的地域特征分别在波尔多（école nationale supérieure d' architecture et du paysage de Bordeau），马赛（école nationale supérieure du paysage de Marseille） 和 里 尔（école nationale supérieure d' architecture et du paysage de Lille）成立景观设计学院，它们近年来尝试着突破并推进凡尔赛学院的教学模式，取得了辉煌成果。目前只有以上四所学院有资格发放"法国国家景观设计师"（paysagiste DPLG）学历，该学历相当于博士水平，学制四年，要求有两年以上的专业预科学习或学士学位方可报考，学生若希望进行博士阶段的景观理论研究，可于三年级结束后直接进入博士论文阶段，但直接进入博士论文阶段的学生将没有资格获得"法国国家景观设计师"学历，也就是说，法国国家景观设计师学历侧重实践研究，景观设计博士侧重理论研究。还有三所学院在法国很有影响，即：法国昂热园艺工程和景观设计学院（école nationale Ingénieur de l' Horticulteur et du Paysage-ANGERS）；法国布鲁瓦自然和景观设计学院（école nationale supérieure de la nature et du paysage）；法国里尔空间景观设计工程学院（Institut des Techniques de l' Ingénieur en Aménagement Paysager de l' Espace）。这三所学院直接招收高中毕业生，五年后获得硕士学历。在法国仍然有不少非常著名的园林学院，而且学生的水平很高、就业形势很好，如：巴黎园艺学院（Ecole supérieure d' architecture des Jardins de Paris）。

20世纪90年代

景观设计向各个领域敞开了大门，并吸收多学科、多角度的理论认识，这是景观设计在法国重要的成熟时期。这一时期倡导景观设计的文化性和多元性，同时与此呼应的法律法规相继出台。1991年法国国土规划局颁布《可持续发展规划法》，要求所有城镇乡村必须执行由专家审议通过的地区可持续发展规划图与计划，并规定规划图有效时间至少十年。1992年6月13日颁布《垃圾处理法》。1992年12月31日颁布《反噪声法》，明确指出对噪声的限制是景观设计的范畴。1993年1月3日颁布《公共水资源保护法》。1993年法国颁布《景观法》，明确提出对景观的保护与开发条例，并指出景观设计是整体土地规划的重要组成部分。1995年法国出台针对景观和环境领域的《可持续性发展法规》。

巴黎十五区塞纳河南岸于1992年修建的雪铁龙公园（Le parc André-Citroën）是继承与发扬的典范，公园地处原雪铁龙汽车制造厂厂址，由景观设计师克雷芒（Gilles CLEMENT）和泊沃斯特（lain PROVOST）主持设计，由三位建筑师参与设计：克贝热（Patrick BERGER）、维格尔（Jean-Paul VIGUIER）和绕德里（Jean-François JODRY）。该公园的设计形成了自贝西（Percy）公园至此的塞纳河岸漫步带，公园占地13公顷，内有繁茂的植物，有2 500棵树，70 000株灌木，250 000草本植物，25个喷泉，8个暖房和由塞纳河的水供给的造型丰富的水域（水渠、瀑布、喷泉和水塘等）。雪铁龙公园由三部分组成：公园中心的开阔草坪、白园（以白色和明亮为主题的花园）和黑园（以阴影和变化为主题的花园）。设计师大胆地设计了一条斜穿公园的笔直的800m长的休闲漫步道，使游人欣赏不断变化的景观（穿越水域、草坪、竹林和台阶），顺利引导游人发现植物趣味、休息场所和凝思静修的空间，并在空间中突出强化一种人体感官，尤其是第六感。在公园的北部有一片自由生长的植物群落，景观设计师在这片原本生满杂草的空地上种植100多棵树木后，其主要工作是随着植物的自然介入，选择保留植物和用现有植物塑造空间气氛。这个未来主义构思式的公园向游人展示了一个连续不断而内容丰富的六个小主题花园，这六个处于公园东北角的小花园由五个小水渠分隔，每个花园都有一个色彩主题：①蓝园（表现介质为铜、金星、星期五、雨和嗅觉），②绿园（表现介质为锡、木星——罗马神话中的主神、星期四、泉和听觉），③黄园（表现介质为水星——众神的使者、星期三、溪流和触觉），④红园（表现介质为铁、火星——战神、星期二、瀑布和味觉），⑤银园（表现介质为银、月亮、星期一、河流和视觉），⑥金园（表现介质为金、太阳、星期天、蒸发和第六感）。这六个精致的小花园是雪铁龙公园真正的亮点，院内细腻的空间高差与造型表现和丰富的感知体验使这些袖珍空间营造着无限变化的自然与人文景观。

在20世纪90年代，景观设计师以其敏锐的洞察力开始将现代景观设计思想渗透到城市规划、古迹保护和生态环境改造等领域，从而结束了景观设计的园林时代，向生态时代发展。现代景观设计在吸收园林设计的精华和生态学理论后用生态技术对景观进行不同尺度的演绎，尤其是在现代城市规划中得到青睐，这也是西方景观设计师在城市规划和生活环境改造中承担主要角色的原因。20世纪90年代末以后，法国大型的景观规划主要集中在废弃工业区的改造上，由牟斯盖（François-Xavier Mousquect）设计的“法国阿赫那市生活废水处理公园”（Lagunage de Harnes）是这一时期改造废弃工业区生态景观的杰出案例。

在这一时期我们重新认识到现代艺术对景观设计的推动作用，受大地艺术和行为艺术的启发，部分前卫艺术家开始探索空间本身的艺术表现和创造价值，有些景观设计理论学家如：格鲁（Catherine GROUT）对近代世界的空间艺术和肢体语言做了系统的剖析，从而在理论和实践上获得很多推动景观设计发展的有力论据。

1931年出生于荷兰的爱尔曼德悟理（Herman de Vries）以植物学家和艺术家的双重身份在

近代景观设计发展史上占有重要地位，他一直在谦逊地探索生态和艺术，他认为景观的解读不仅有地理、植物、水文和生态等因素的参与再现，还有景观空间所带来的精神层面的解读。爱尔曼在20世纪60年代就已经开始研究通过视觉传达的空间信息，尤其是不可见的部分，这一部分往往通过景观及其空间的特殊气氛促使使用者捕捉更多的情感信息。他创造的艺术介质伴随使用者的联想和肢体感受使景观设计跳出唯美式的植物造型表现，追求更具持久性和共容性的景观空间。他认为景观的信息提示甚至可以辅助精神理疗，但他担心景观设计师对植物的过分关注会阻碍景观设计的发展，使景观设计长期停留在植物造型表现上。

爱尔曼在他的系列景观设计中没有使用“观赏植物”来渲染和造作空间，而是更专心地研究自然本身、人性和人的生活。他引领人们自觉地发现他们在空间中存在的意义，他使人们在景观设计的基础上继续洞察和创造空间，在他的景观设计中我们感受到了一种思想认识的超越和一种表现手法的解脱，他的智慧伴随着近代景观设计稳步前行。

爱尔曼说：“我与自然一起创作是因为它是我们生命中第一真实的东西……比起那些失去天堂的基督教说教，我更受益于佛教的思维方式——领悟，这种自我意识的提升（领悟）也是景观设计生命所在，同时我也受益于玄学和印第安文化。我每天至少用两小时去细心地观察周边的自然变化，这对于我来说很重要。因为在我们的城市文明中，自然正在消失，我生活在德国南部，我的工作是：在我的工作室方圆200千米的范围内再现我所发现的事物之间的联系。借助科学，穿越艺术表现，终结在哲学领悟上，我只是在寻找事物本身的真实性和真实的事物。我的工作不涉及对客观事物的主观诠释，我只是去标注我所见到的自然。真实的空间比二维绘画更具空间表现力，更容易通过五种感官传达心理信息，我在真实的空间中寻找能让使用者自然释放情感的契机。因此，在我所有的尝试中，我对偶然的规律感兴趣（偶然中的必然），这是我在宗教圣地的密林中创作景观的主要想法。我在圣地的密林中表现对神的崇敬，甚至是塑造宗教化的艺术造型。在过去，欧洲与南美印第安文化一样，人们将灵魂和精神寄托于自然，我用一堵环形墙或一排环形铁栅栏围合限定一块‘圣地’（避难所）（图2.8，图2.9）。在里面，我们能发现野生动物和没有被打扰的生存空间，我们能在里面找到所有的自然演化过程。看一看今天的反常现象，在围墙和铁栅栏的外边，几乎所有的一切都是人为的，只有这环形的围墙内是自然的，我所创造的圣地（避难所）向世人提出了逆向思考，即：保护自然空间的本质特征不被‘人类文明’侵蚀和干扰。随着时间给景观带来的变化，以及人类意识的转变，人们每一次欣赏‘圣地’都有新的发现。”

图2.8 “圣地”（一）

图2.9 “圣地”（二）

20世纪90年代末，景观设计经过多年的探讨与实践，终于由法国科学院院长让马克·柏兹（Jean Marc BESSE）提出了时代的定义，即：景观设计是以土地为依托，构建着土地之上的和谐生活。在艺术哲学为主导的现代思潮中，景观设计由80年代前的造型表现阶段向90年代对生存方式与和谐形式的研究阶段过渡。

2.1.2 21世纪法国的设计思想

成熟的景观设计理论和丰富的实践经验成功地推动着法国景观教育的发展，经过四十多年的探索和大量优秀景观设计师的出现，使景观设计学在法国确立了其学术和社会地位，景观设计学的教育也逐渐被建筑学院、工程学院、城市规划学院、美术学院和综合大学采纳。

这一时期的城市景观设计思路逐渐清晰，以巴黎为例，不论在经济和文化艺术上都走在世界前列。在景观设计领域也是如此，正是因为巴黎特殊的条件（人口众多、城市拥挤）使法国人迅速地领会到人口将带来的危机，这种危机的集中体现是严重的汽车尾气污染、城市水体污染、城市的交通便利性和安全性等问题。景观设计师对巴黎的改造提出了“以保护人的生活环境和提高城市生活的安全性为首要宗旨，限制在城市内驾车，鼓励公共交通，鼓励使用自行车”。因此，巴黎不论在城市规划上还是在法律法规的制定上都充分地体现了这一点，如：为了减少汽车尾气在巴黎市内的污染，巴黎市规定所有的进城汽车最多只能每次在路边车场停留2.5小时，而且路边车场无人收费，车主必须要到指定的停车卡销售店去买充值的停车卡，这给外省来巴黎的车辆造成极大不便。其实这样做就是为了避免更多的车辆进城，让人们知道开车进城不但不方便，还会给自己带来很多麻烦。如果你想侥幸不交停车费或非法延时停车，那么你很可能会收到一份比停车费高出20倍的罚款单。在控制车辆进城的同时，设计师也考虑到汽车存放的问题，在巴黎郊区的地铁口有很多免费的停车场，目的是鼓励人们使用公共交通工具进城，保护城市环境。到今天为止，这种做法获得了广大民众的大力支持，巴黎的人居环境大为改善，交通事故急剧减少，巴黎的人民大道于2000年后的四排机动车道改为两排机动车道，由两排自行车道改为四排自行车道，人行道加宽至20m。不但在人行道旁种树，也在自行车道旁种树。这样做不仅加宽了绿化带，也迫使自行车在行驶时适当减速。此外，该做法也增加了很多城市规划的趣味性，每一条改造后的街道都成了穿越巴黎市区的绿色长龙，它们在耐心地编织着这座绿色城市。

设计师在这一时期没有放弃对设计所应持有的主动性。在此基础上，一方面设计师更关注设计的共容性（基于植物学、生态学、水文学等），注意这些学科的相互启迪。另一方面公众使用者应设计师的邀请与空间一起共同参与景观和土地的创造，这一共识于2000年在《佛罗伦萨欧洲景观议定书》中明确提出。

米歇尔·考拉如（Michel CORAJOUD）于2006年完成的波尔多市河岸景观改造设计充分证明了景观设计的自由性和共容性，波尔多河岸曾是一个废弃的港口，这里是河道邻近城市中心的部分，但是却很少有人愿意来这里散步。米歇尔·考拉如接到设计任务后，带着他的团队对4 km长的河岸进行了严谨的分析。他讲道："我曾非常困惑，我不知道该做些什么，但最后还是景观本身给了我改造它的灵感（图2.10）。有一天，我和同事们在河岸对面水上餐厅进餐，我忽然发现河水映衬着对面河岸上的教堂和古典建筑（河岸约25 m高的古典建筑墙面风格各异而协调，为河岸景观营造了独特的背景），这是波尔多的特色，我们不能用树木把它们遮挡起来，我们要使这些建筑、河流和景观带与人融为一体。因此，河水的倒影给了我创造"水镜"的灵感，我想让以老金融中心为核心的建筑背景从视觉上充分显现出来，我加宽了金融中心前的广场，并设计建造了水镜。"

水镜是该河岸景观设计最精彩的部分，而且没有任何植物，这是一个高出地面约1 m的平台。水镜不同于普通喷泉，它既没有水柱也没有水池，喷泉区域只低于周边广场2 cm。人们可以自由地进入，每隔20分钟将由细小的喷泉口自地面喷出水雾，人们开心地戏耍隐藏在水雾中，水雾在金融中心前形成了一片悬浮的白色云雾，在对岸观看颇为壮观，水雾随风飘动，在建筑背景的映衬下成为巨大的露天舞台。这里不仅有现代技术的表演，还有人们下意识的参与。人们已经不知不觉地成为这个舞台上的表演者，人们在自娱自乐，也在分享着他们之间的快乐（图2.11）。如果细心地观察周围的人们，你会发现水镜与他们的对话，人们用肢体触摸它，从不同的距离去欣赏它。在水雾消失后地面残余的水形成了"水镜"，它与河水一起在不同角度映衬着总体景观的特色，几分钟后你会发现有人被水镜中的一处从地下冒出的细小气泡吸引。人们光着脚去触摸，认真地观察水泡的来源。人们蹲下又站起来，有时还躺下，这些不断变化的气泡带着清澈的河水逐渐填满了下陷2 cm的平台，人们开心地翻滚着，奔跑着……人们在欣赏着人们，人们在继续创造着景观和属于这里的文化。波尔多市长说道："这里已经成为波尔多最有吸引力的天然浴场和游乐园（图2.12）。"

图2.10 “水镜”（一）
摄影：安建国

图2.11 “水镜”（二）
摄影：安建国

图2.12 “水镜”西侧的绿地设计
摄影：安建国

同一时期出现了很多城市河岸景观改造的经典案例，如：斯特拉斯堡、巴黎、里昂和南特等，这些河岸景观改造甚至是城市轻轨铁路的景观设计在“绿色城市”的思想引导下逐渐使景观设计在城市规划中脱颖而出，政府更加关注城市尺度的生态景观设计。在这一时期的法国景观教学上也逐渐倾向城市景观规划，而缺少自然科学知识的城市规划专业也开始积极地开设景观设计课程。

景观设计师通过设计使空间自我创造和自我定义。在这一时期很少有宏大壮观的造型设计，设计师更细心地去表现人的空间尺度，景观设计更加宽容、自由。

2000年后生态理念在欧洲家喻户晓并得到广泛共识。除了对生态的深入研究外，景观设计的研究开始重视人与万物对景观不同角度的认识与研究，从而使景观设计由自然生态性上升到社会生态性，法国景观界从人的感知科学入手，使景观设计达到了真正意义上的人与自然和人与社会的高度和谐。

法国南部的郎格多克省－鲁西荣省（LanguedocRoussillon）邵米尔市（Sommieres）的洪水公园完美地体现了现代景观设计的特征（图2.13）。该项目于2008年3月施工，2009年1月竣工。邵米尔处于平原洼地，穿越邵米尔市的维度赫勒（Vidourle）河每年都有洪水泛滥，一段

图2.13　邵米尔市的洪水公园

安建国绘制

河道随着时间的推移和多次洪水冲击，致使泥沙沉积，河流改道，原有河道在非洪水季节处于干涸状态。多年淤积的河泥使这片干涸的河床土壤肥沃，农民利用汛期前后种植多种农作物。但是，河水在汛期经常漫过河床，并携带着大量的残枝枯木冲刷着河岸的树林和农田，这些残枝枯木极易造成各种危害。

邵米尔洪水公园的设计需要解决三个问题：①加强河床和河基的保护，防止水土流失；②防止洪水携带物（残枝枯木、冲垮的房屋和汽车等）冲击破坏邵米尔市，减少洪水流量，减缓洪水流速；③旧河道和其周边土地的农业利用以及如何发挥其社会公益价值。该项目由土地规划工程师胡维艾赫（Serge Rouvier）主持设计并施工完成。公园处于维度赫勒河转弯处，在洪水季节，这一部分河床和河基会遭到300 m^3/s洪水的袭击破坏。为了加固修整河岸，设计师调整了河岸坡度并砍伐了一部分由于地形改变而无法保存的树木。设计师利用砍伐的树干制作5 m长的双排树桩固定在河岸常规水位线上，两排树桩之间由捆绑好的树枝填充并用铁丝固定。调整后的河岸坡度为30°，河岸泥土被相对压实后铺上一层有机植物材质制作的护坦（用来抵御洪水冲刷），这些护坦用铁丝和铁钉固定在保护河岸的树桩上，并由1 m长，约5 cm直径的小

图2.14　拦截洪水冲击物的柱阵

摄影：安建国（见书末彩插）

图2.15　弧线排列的柱阵（一）

摄影：安建国

树桩以3m间距点状分布固定在护坦上，然后用铁丝缠绕于小树桩上形成铁丝网再次加固护坦，最后在护坦上掏孔栽种树苗。这些由植物原料制成的护坦随时间的推移将腐化成泥土，护坦在小树长大前保护和固定树根土壤并减少杂草滋生。维度赫勒河在穿越邵米尔市之前要经过一座钢筋混凝土桥，这座桥是连接两岸最重要的交通枢纽，但这座桥每年受到洪水袭击和侵蚀，尤其是上游冲刷下来的残枝枯木经常堵截在石墩之间，使河流无法顺利泄洪，很可能会冲垮桥身。另外，被堵截的洪水将淹没该桥上游大部分的农田和农舍。设计师对此深入研究并通过各种方式充分利用土地和洪水带来的资源，变灾害为财富。

除了处理河岸之外，在洪水公园的设计中有六个组成部分：第一部分是临近洪水袭击的主要区域。这片区域使用了有机植物材质的护坦，并在护坦上种植禾本植物，目的在于防止水土流失和洪水带来的大量淤泥渗入地下，污染地下含水层和取水源，原因是在第二和第三部分区域有6处取水钻井。在第二和第三部分区域种植了橡树、枫树、榆树、白蜡树、胡桃树等树苗，在树苗之间根据季节种植农作物，由于每年洪水带来的淤泥中含有丰富的养料，所以这里的农作物和树木（可以用来制造家具）长得非常好，这里既是农田又是天然苗圃。第四部分区域在铺设护坦后加上5cm厚的石子层，这些石子可以固定护坦，也可以有效地提供泥沙沉积的空间，在洪水过后的第二年春天，人们可以在这里欣赏野花野草之美。

第五部分是公园设计的核心部分（图2.14，图2.15），由一排直径为60cm，前后间隔1m均匀错位的铁柱组成。柱身为10m（地下6m，地上4m），柱头探出的部分是为了拦截洪水带来的枯木并防止由于水流过大而使枯木浮过铁柱去袭击桥身。铁柱采用自然的铁锈红，柱身与地表水平交界处有水泥浇铸加固，在铁柱边的护坦由金属连接件浇铸固定在水泥基座中，这种做法可以防止由于洪水冲击使水泥周围的土壤流失而影响水泥基座的稳固性。铁柱阻截了洪水中的树枝枯木并大大减缓了水流速度，在洪水流过这排铁柱后20m处又坠入农田排水用的沟渠并形成水流回旋，从而又一次减缓了水流速度。这样相对平静的洪水穿过第三区域的树林后，洪水中携带的泥沙沉积在树林中，洪水经过铁柱和树林的堵截后安全平静地流过邵米尔市。这些铁柱不仅具有抗洪功能，在非洪水季节，它们发挥着独特的艺术和社会价值。人们漫步在这些铁柱之间自由地发现铁柱间在不同角度所呈现的风景，人们在寻找着铁柱与肢体的比例差异，人们有时仰视、有时俯视、有时远眺、有时后退、有时加快脚步、有时躲在铁柱之间、有时在寻找着透视……是这些铁柱给人们带来了肢体与空间的对话，带来了无限的想象。铁柱的次序性带来了强烈的视觉冲击力，在不同距离我们能感受到不同的空间效果，这些看起

图2.16　弧线排列的柱阵（二）
摄影：安建国

来笔直的铁柱，事实上是微微倾斜的（图2.16），工程师做了严谨的洪水水流方向和冲击力系数分析，这种弧线形和前后错位的铁柱排列方式可以均匀地分担洪水的冲击力。此外，这些柱列在视觉上形成的错觉使游人下意识地改变观察和体验方式，使其更具空间审美价值并积极地调动着周边的空间元素，柱列的微妙变化使其构成了不同空间尺度的感知效果。这些原本不被景观青睐的钢筋水泥成了这项设计最精彩的部分，因为除了它们的实用意义外，它们在不断创造着参与和分享空间的可能。

公园的第六部分是一个人造的“避风港”（图2.17），设计师细心地给动物保留了这一免受洪水侵蚀的区域。在避风港的上游有一个小闸口引河水缓缓流入来保护港内的水质清洁和适度的含氧量。在避风港常规水位线处都采用双排树桩加固并由树枝填充，这里营造了多种水生和半水生动物的理想栖息地，是保护该地区生态平衡的重要措施。

法国著名景观设计师克雷蒙（Gilles Clément）于2005年提出“第三景观”的概念。第三景观是指那些被人们抛弃并由自然自我随意进化的地方，如：被遗弃的城市角落和乡村边界、不同空间中的过渡部分、荒地、沼泽、路边、河岸或车道地基等，还有人类很难介入的土地，如：山脊、沙漠、工业废墟、自然保护区……第三景观地带拥有更丰富的植物和生物多样性，是地球基因的仓库，是未来空间。对这个概念的提出使景观设计的研究领域更加细致，充实了

图2.17 “避风港”
摄影：安建国

景观设计的实践意义，引起了社会的广泛关注，景观设计师开始关注曾经不被认为是景观设计对象的角落。这时人们发现，景观设计的意义不仅在于巨大尺度的掌控，也在于细小空间的处理。正是因为这些不起眼的设计，使景观设计思想和理念真正具体化和实用化，景观设计在这个时期开始更谦虚地去解决人们生活的具体问题：一个马路牙子的小斜坡（可以给残疾人提供便利）、道边下水道的漏网、一个介于自行车道和人行道的标志、一个树根的保护、一个垃圾箱的位置等。在2005年后，我们发现了景观设计思想性之外的另一种意义的进步，即：景观设计不再崇拜大师级的样板设计，而是更实际地去解决生活问题。

2009年10月，由法国国家景观设计师联盟主办的"第四届欧洲景观研讨大会"的主题是"绿色城市"，但是该论坛探讨的不是20年前的"城市绿化"问题，而是现今城市生存环境的生态和文化质量问题。参会专家谈到，景观设计被房地产开发商作为提高房价的筹码，景观设计过分着眼形象工程，景观设计应充分发挥其生态、文化和社会的平衡意义。专家倡导建设"绿色城市"并提供了很多成功的科技手段和优秀案例（如：自然能源利用，协调生态平衡措施和多功能空间利用等），并在实践上检验了符合社区相应人口密度的环境规划方式（如：处于法德边境的生态城市弗雷堡（Freiburg））。大会提出，随着欧洲的城市化发展，景观设计应承担现代社会环境和人文质量改善的重任。

2.2　景观专业人才教育体系

景观设计触及的科学领域非常宽泛，它触及了植物学、生态学、土壤学、大气学、地理学、水文学、物候学、人类进化学、消除污染学、艺术学、空间学……景观设计可能是关于城市规划，可能是关于河道的污染治理，可能是公共绿地设计，可能是一种大地艺术，也可能是没有任何绿色存在的现代空间艺术创作……

通过借鉴国外景观设计的研究成果可以使中国景观设计的发展少走很多弯路。目前，中国正在积极地组建景观设计学科体系，中国对于景观设计的自然生态性认识还处于萌芽阶段。在经济利益的驱使下，我们还没有结束对大自然和生态环境的残酷破坏。在生存环境没有得到彻底改善前，景观设计的社会生态性在我国部分地区就成了所谓的"不符合中国国情"的理论空谈了。这三个阶段（景观设计学科体系的组建阶段、景观设计的自然生态性阶段、景观设计的自然生态性和社会生态性并举阶段）正是西方景观设计在近代的三个发展历程。

近现代法国的景观教学改革不断推陈出新，从教学体系上分成三大类课程（基础课、实践课、设计课）。三类课程合理穿插配合，设计课都配以合理有效的相关基础学科和具体实践，促使学生能及时应用所学，循序渐进地掌握自然科学、空间科学和艺术科学。法国景观教学的成功之处就在于学科之间的合理搭配与穿插，基础课教师根据设计课的特点来调整教学内容，真正达到基础课为设计课服务的目的，避免基础课教学各自为政，脱离设计实践。实践课作为单元式的理论总结很好地衔接了基础课和设计课，这三种课程的穿插教学从始至终。

以四年制法国注册景观设计师的教学为例，学生要有至少在法国大学两年以上专业学习经历或本科学历才有资格报考，法国的中学为七年制，因此法国的大学二年级相当于中国的大学三年级（法国的本科是三年制）。

第一年：

主要基础课：艺术史、景观发展史及其理论学说、城市和地域形态学、土壤学、艺术与美学、植物学、生态学、地理地貌学、公共空间与城市基础设施、景观设计的方法与文化。

主要实践课：造型艺术与实施、形态学设计实践、自然进化试验论证、景观设计表达。

主要设计课：校园周边改造设计、场地分析评估训练、空间的线与面、空间的界定与分割、景观演化设计。

第二年：

主要基础课：工程工艺学、植物的选择与运用、法律（景观设计与城市规划）、城市印象、城市与设计、从艺术到景观、城市规划中的技术文化、生态景观与生态城市、物候学、水文学、地理学、城市与乡村边界研究、自然与园林认知史。

主要实践课：城市设计与艺术、城市与乡村边界设计、园林设计、城市里的树研究。

主要设计课：城市基础设施设计、城市规划设计、城市绿地设计、乡村与其功能设计。

第三年：

主要基础课：伦理学与景观设计、可持续性景观设计理论、社会学、景观经济社会学、城市规划施工技术、研究方法与概念、植物应用、城市演化研究、政治政策研究。

主要实践课：实际施工项目描述与批评、50 000字论文（这是相当于硕士水平的论文，第四年还要写注册景观设计师文凭的毕业论文）、城市规划施工技术实践、可持续性景观设计实践、植物应用实践、设计材料编辑与策略。

主要设计课：可持续性景观设计（与建筑师合作）、城市照明设计、过渡式景观设计、综合景观设计、拟定毕业设计和论文方向。

第四年：

有四门研究课程来配合毕业设计和毕业论文。

研究课程一：深入研究可持续景观设计。

研究课程二：深入研究景观的文化、社会、经济和生态动向。

研究课程三：深入研究景观遗产保护。

研究课程四：深入研究艺术与公共需求。

毕业设计主题和场地自定，结合毕业设计完成一份80 000字以上的毕业论文。

实践课的作用很大，它以点的形式将很多复杂的基础知识消化于实践之中，举例说明如下：

（1）“景观设计表达”实践课让学生们用肢体语言在人的五种感官可触及的空间尺度里来领会和感受空间，训练学生捕捉景观要素和再现景观，该课程经常被误解成效果图表现技法训练。景观设计的表达是在充分理解景观和场地的前提下进行的，这种表达不是客观描绘，而是主观提炼的再现（经过客观研究）。所以，该课程重在表达对场地（包括肢体感知在内）客观元素的研究和主观概括表现。

（2）“自然进化试验与论证”实践课让学生们选择约20 m^2土地来研究土壤、植被和地貌的演化状况，该课程是对基础学科的一次总结运用。学生们将对自然背景条件进行深入研究和分析，对未来自然进化进行预测和评估，这是德尼·戴巴（Denis DELBAR）老师在2005年法国里尔国家高等建筑景观设计学院的首创，教学效果非常好，德尼·戴巴邀请基础课教师一起参与不同阶段的作业点评，目的在于让基础课中僵化的理论知识灵活地运用到实践中，这个实践课几乎是所有基础课的总复习。

2005年教学实例如下：法国里尔国家高等建筑景观设计学院停车场南边是一片荒地，这片荒地下面是已经被开采过的地下矿场，十多个矿井入口于20世纪60年代已被填埋，但入口下的矿场并没有填充（图2.18），因此这里禁止做建筑开发，而成为景观设计专业的实践课基地，德尼老师要求学生在这片荒地上寻找一块自己感兴趣的地方，进行自然进化研究。有人选择荒地与马路交界的护坡，有人选择荒地内的野生植被群落，有人选择荒地内的小路等，我选择了被填埋的矿井入口作为研究对象（图2.19）。

矿井填埋的程序是：首先，用很多两头削尖的木桩横七竖八地卡在井口下部，然后再依次填埋石块、砾石和沙土。为了节省人力物力，也便于雨水下渗，所以井口并未填平。我的研究主题是：井口和井口周边在若干年后将出现什么样的变化。这项研究涉及的内容很多，如：土壤结构、气候变化、降雨量、植被现状、安全保护和人对场地的参与形式等。老师并不指定学生的研究内容，而是学生根据自己的兴趣和对某些知识进行归纳的渴望来选择研究内容，如：

对土壤结构的研究是对土壤学知识的复习，我必须要结合地质勘探资料挖掘至少3m来了解研究此地的土壤和地质特征，我会亲眼看到每层土壤的质地、色泽、材质形状和厚度，亲手摸到不同土层的质感，亲自闻到不同土层的气味等。

对气候变化的研究是结合当地气候特征对物候学知识的复习，我需要了解不同季节的平均温度和风向、了解日照时间和角度、了解降雨量和降雨方式等，这些知识便于我们预测地表的风化形式和速度，使我们更准确地动用自然的力量改造自然。

对植被现状的研究是对植物学知识的复习，我需要对现有植物进行分析，了解在不同地形影响下的植物分类，列举出那些自然生长并具有审美价值的野生植物及其生长条件的相关信息等，这些知识便于我们更好地运用野生植物，让大自然参与景观的构建。

安全保护是景观设计中重要的内容，设计师必须熟知法律规定中的安全材料，以及对特殊场地的保护方式和安全标准，如：尽管填充后的井口深度不足2m，也必须在井口周边加装1m高的护栏。

人对场地的参与形式反映出使用者是如何使用场地的，只有了解使用者在场地中的活动方式，才能设计出让使用者感到舒适的景观空间。我在平面图中记录了在杂草中隐约可见的小路，记录了曾经用做烧烤的地方，还发现了一小块菜地，注意到矿井周围杂草丛生……这些发现预示了场地功能的雏形。

该作业在技术上需要解决一个点的问题（一个废弃的矿井口），在构思上需要研究一个面的问题（整个荒地的状况）。对整个荒地的全面研究有助于控制局部解决方案的整体性。因

图2.18　地下矿井剖面图

安建国绘制

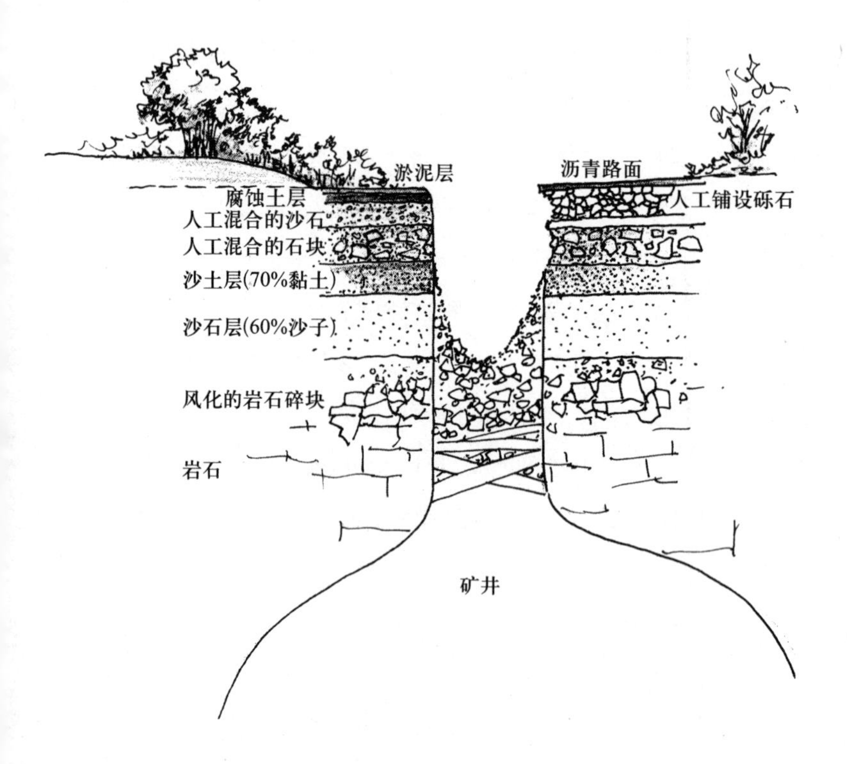

图2.19　地下矿井入口剖面图

安建国绘制

此，经过老师同意，我对该实践课做出的方案如下：根据地形高差变化，通过雨水的淋蚀作用，预计在5年后，井口松软的腐殖土层和沙土层会自然塌陷填充井口，个别井口周边的沥青路面需要更长的风化腐蚀时间。我所做的实践是将5年后的风化结果在场地中体现出来（图2.20），也就是说，将那些在5年内塌陷的土壤人为地挖下来，制造出5年以后的地表状况，根据自然规律加速地表地形的改造。在此基础上，我们再来观察这片土地后续的风化状况（图2.21），地表的腐殖土层可能在几年后会加厚，植物的根系会继续分解土壤，雨水的淋蚀作用会使地形更加舒缓等。这项作业的真实结果将在3年后的研究课程——“深入研究可持续景观设计”中再次论证。研究这项课题的目的是让学生深入地了解自然，借助自然的力量来改造自然。

（3）“城市里的树”实践课也是德尼老师的首创，也是对所有基础课知识在一棵树上的总复习。老师让学生以城市里的一棵树为研究对象展开对植物学、生态学、物候学、土壤学、植物种植学、城市基础设施建设等学科的综合研究。

类似于这样的实践课都是法国里尔国家高等建筑景观设计学院在2005年后对景观教育的新的尝试并获得成功。这些实践课也是对基础课的有益补充和校正，有时基础课教师由于不太了解景观设计专业，经常在基础课上任意发挥，导致学生丢失认知重点。而这些实践课引导学生根据自己的研究项目主动地、有针对性地向老师提问，使老师根据实际问题展开深入教学，同时这一课程也给基础课老师提供了一个了解景观设计专业的机会，便于及时调整下一次教学内容，使教学日趋完善。

我们不能也没有必要抄袭和复制法国景观设计学院的具体课程，但我们应该获得一种教学理念的启发和提升，根据中国具体国情因地制宜、有的放矢地组织和开创有中国特色的现代景观设计教育。

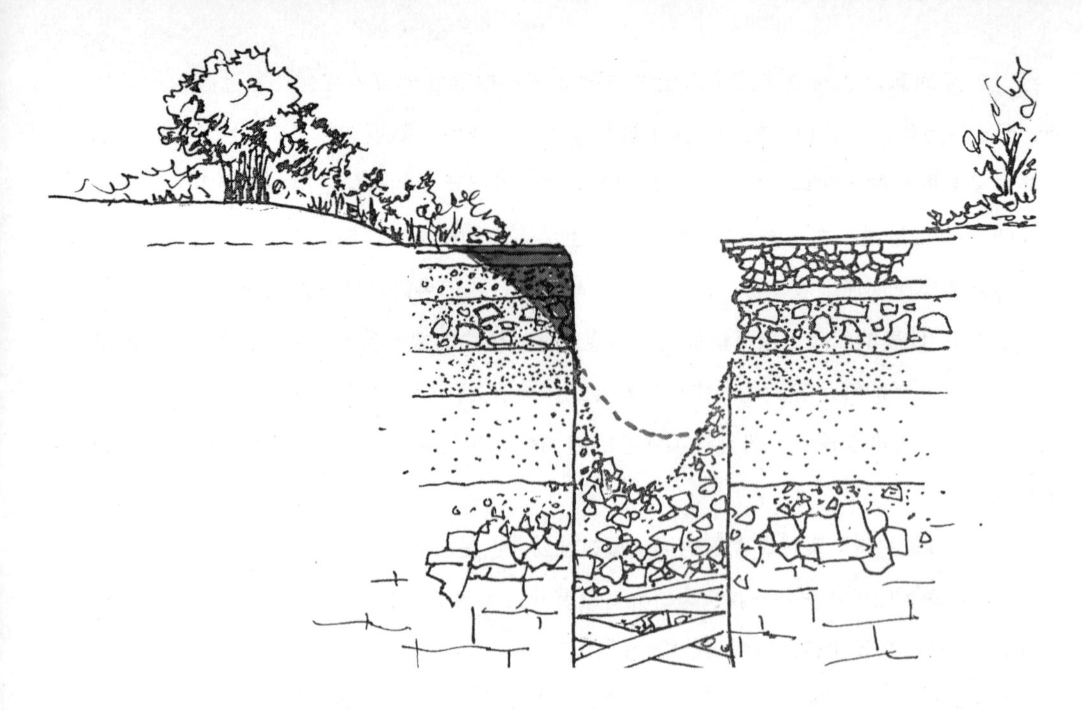

图2.20　塌陷的土壤
安建国绘制

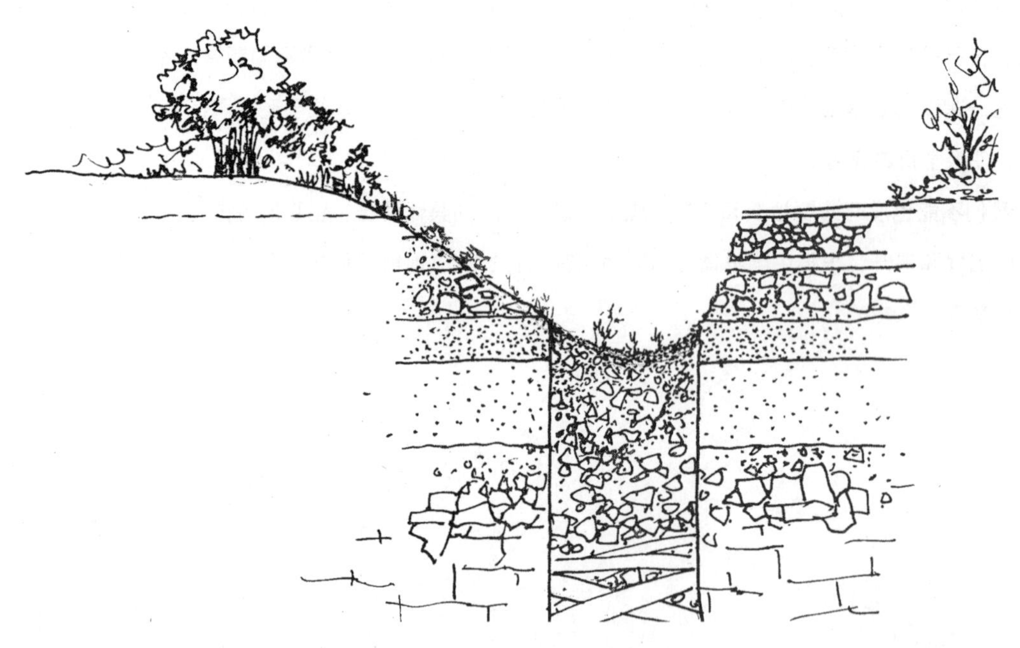

图2.21　地下矿井入口多年风化后的面貌
安建国绘制

2.3 教育思想

2.3.1 关注连续的时间和生态演化过程

景观设计不仅是单纯的绿化设计，它设计着不同时间段的生态演化过程，景观设计提供了世界万物在时间和空间上自然发展的可能。

在很长一段时间内，很多人认为绿化设计是景观设计的主要表现形式。这种思想的产生是社会实践的一种直观认识。在历史上，似乎我们从来没有像今天这样关注生态问题和景观设计问题，景观设计在当今社会中所遇到的和要解决的问题是前所未有的。以前自然景观随处可见，而今天却变得罕见，甚至我们要乘上飞机、火车和汽车走上几百千米去看一看自然，感受几乎被忘却的真实世界。房价会因自然环境的改善大幅增长，周末的交通堵塞也只是为了到城外多看一眼绿色，多呼吸一点儿新鲜空气。今天最现代最时髦的不是城市的灯红酒绿，而是乡间的恬静和温馨。当这种认识潜移默化地渗入城市居民的生活中时，我们就不难理解"绿化"成为缓解这种失衡的最直接的手段。但是绿化仅仅是恢复生态环境的第一步。人们急切地要通过绿化，满足视觉感受，但并未注重对生态环境和生态系统的研究，绿化有时会适得其反。如：很多公园的古松树周围铺设了草皮，并在草皮中加装了喷淋器对草皮不间断地喷水以保持草皮的湿润和鲜嫩，但是这里的百年古松不需要这么多水，草皮是绿了，而古松也快死了（图2.22）。

图2.23是法国北部于20世纪60年代废弃的煤矿区经过约40年生态恢复后的景象。这里已经有很多野兔、刺猬、水獭、鼹鼠和多种珍稀鸟类等，甚至还发现从邻近森林里跑来安家的野猪和麋鹿，我们已无法想象这里曾是寸草不生的矿区。

景观设计是跨越时空的，不只是一个具体的绿化造型设计。景观设计的范围超出了三维空间所表现的视觉范畴，它也设计着以时间和空间为表现特征的四维空间。这是景观设计在时间意义上的生态演化过程，从而使景观表象在不同时间、不同地点、不同物候和不同用途下呈现景观的不确定性。

时间性是现代景观表达的主要内容之一，景观的形成是通过不同的景观构成元素（植物、动物和物候等）在时间发展的不同阶段完成的，其中每一个阶段每一个季节都是景观，这种形

图2.22　古松

安建国绘制

图2.23　法国北部废弃的煤矿区

摄影：安建国

成和发展过程是景观设计的重要特征。

法国北部废弃的煤矿区在20世纪60年代还是一片荒芜，裸露的露天矿坑几乎是寸草不生，在矿坑周边堆起的矿渣山聚集了高浓度的重金属污染，矿渣山随着时间的推移在逐渐冷却。为了改善生态环境，法国政府组建了“矿区景观设计研究中心”，在20世纪70年代就已经开始着手对废弃的煤矿区进行生态景观改造。值得一提的是，在改造过程中有两个问题最为敏感：一是景观设计与实施的财政支出问题，二是生态环境恢复的方式和方法问题。这两个问题主要是围绕着技术手段、生态形式和土地的公益性展开研究。法国北部废弃的煤矿区南北长约100km，东西长约200km。对于这片土地进行景观和生态改造给法国政府提出了一个财政难题。根据现实社会的实际问题，景观设计师通过他们的智慧提出了“可持续性发展的计划”，这种解决方法既满足了生态恢复和发展的时间需求，又满足了财政支出的持续性和稳定性，同时提出了“景观设计管理”的理论。当然，景观管理的最基本原则是用最少的钱来维护自然环境和改造景观，重新认识自然规律，让大自然来参与管理，不再人为制造做作而又昂贵的装饰性景观。

大自然参与的景观管理贯穿于景观创造之初和景观维护的整个过程，它接受景观所处的特定的生态地理条件，并参与地域的日常发展进化，大自然参与的景观管理主要表现在时间管理和技术维护上（图2.24）。在法国北部废弃煤矿区（图2.25）的景观设计和施工历时约40年，为了适应当地气候，它经历了20世纪70年代初的地形改造和土质改良，为了使废弃煤矿区更快地进行生态恢复，景观设计师在80年代设计了生态廊道，使之与邻近的森林相连。地形和土质的改变，加上生态廊道的设置使该区的生态环境在80年代迅速得以改善，低洼处自然收集雨水形成水塘，水塘边铺设的腐殖土通过风、雨水和鸟等迅速引来植物安家，植物茎叶通过多年的春长秋落在矿区地表形成了丰富的腐殖土。就这样，景观设计师只是提供了自然景观自我恢复发展的条件（地形、土质和植物群落等），最终却是大自然通过时间进行自我恢复和自我管理。

在德国西部杜伊斯堡（Duisburg）矿区也不乏成功案例，德国是进行工业革命最早的国家之一，德国西部的杜塞尔道夫和艾森地区是德国主要的钢铁生产基地（图2.26），巨大的熔炉高达100多米，运输链犹如无数的蛟龙穿梭于巨大的熔炉之间，这里曾是浓烟滚滚、粉尘飞扬、不见天日的钢铁基地，这里留下了很多的重金属污染，面积之广，很难净化，该区采用了两种主要的手段处理土地污染问题：第一种手段（图2.27）是将污染土挖出来堆在高处，用防水膜铺盖后再加铺20 ~ 30cm的植物土，以便培植草坪，这样污染土被罩住固定在高地，雨水和地下水不会触及污染土，从而达到锁住污染物不使其扩散的目的。第二种手段（图2.28）

图2.24 景观设计师们在矿渣山脚下挖了一些小沟渠，这些沟渠汇集了山坡的雨水，不久这里就成了芦苇安家的好地方

摄影：安建国

图2.25 20世纪60年代法国北部矿区的景象

摄影：安建国

图2.26　艾森地区钢铁基地

摄影：安建国

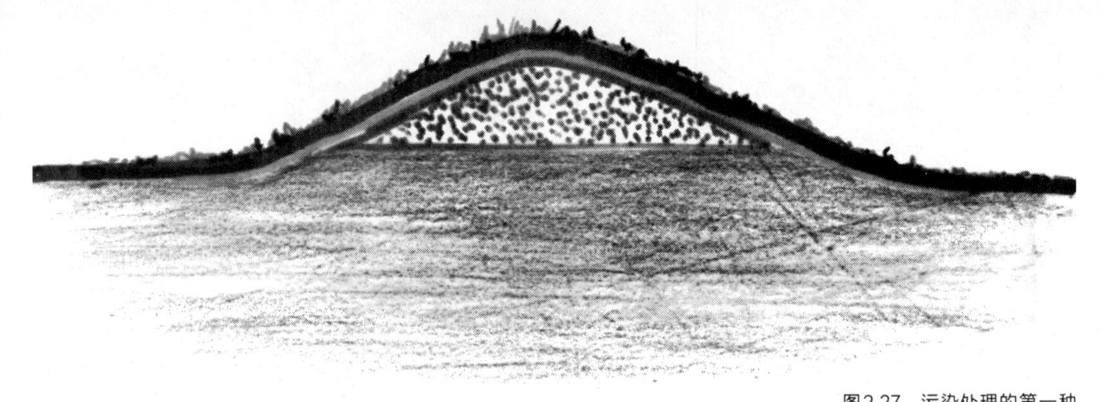

图2.27　污染处理的第一种手段

安建国绘制（见书末彩插）

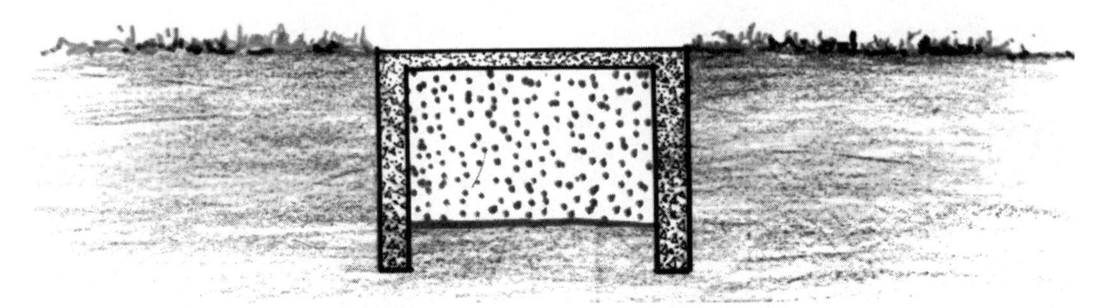

图2.28　污染处理的第二种手段

安建国绘制（见书末彩插）

图2.29　艺术家利用炼钢厂为背景表演歌剧

摄影：安建国

是对于特大面积的土地污染采用“地下隔离墙”的方法来切断污染土壤与地下水的接触。具体操作是：在污染的土壤周围挖15米深的壕沟并灌注水泥将污染土框住，然后在地表铺设防水层避免雨水流经和渗入土壤污染区扩散污染。浇铸15米深的地下水泥墙是为了阻隔“安息香”扩散，因为钢铁工业区中的“安息香”污染密度较高，可达12米深，而该物质是最致命的污染物之一，可造成地下水严重污染。

巨大的钢铁熔炉浮出森林，让我们无法想象两者之间的联系，钢铁机器被绿色海洋包围着，空气清新，这里已经成为旅游胜地。火车铁轨改成了人行道，炼钢车间变成了博物馆、游泳池和餐馆，这里还经常举行音乐会和歌剧（图2.29），工业时代的阴影在这里化成了甜美的抒情诗。

在20世纪60年代大工业革命后，德国工业城市面临着向金融城市和旅游休闲城市转型的问题。在这种转化过程中，首先转变的是人居环境，70年代该地区大量的植树造林为进一步改造生态环境做了准备。德国在这片矿区除了消除污染外，做得更多的是为这片矿区准备了可以自行恢复生态的条件。

2.3.2 关注使用者

景观设计不仅是装饰造型设计，我们应该在景观之内感知景观，使用者是景观的一部分。

景观不会沦落为一个景象，对空间的领会同样离不开触觉、嗅觉，尤其是听觉等，所有的感官都有助于构建空间所赋予的情感。

Le paysage ne se réduit pas à un spectacle. Le toucher，l' odorat，l' ouïe surtout，sont aussi concernés par la saisie de l' espace. Tous les sens contribuent à construire les emotions que celui-ci procure.[1]

景观是空间的阅读和分析方式，景观通过人体感觉器官自我再现，景观对空间的概括既是为了美化空间，也是为了使空间承载更多的内涵和情感。

Le paysage est manière de lire et d' analyser l' espace，de se le représenter，au besoin en dehors de la saisie sensorielle，de le schématiser afin de l' offrir à l' appréciation esthétique，de le charger de

1 翁剑青，《公共艺术的观念与取向》，北京大学出版社，2002，6页。

significations et d' émotions.[1]

景观设计除了在生态意义上的理解之外，还应通过除视觉理解外的听觉理解、触觉理解、嗅觉理解和味觉理解等来感知景观中不可见的部分。自然生态是景观设计的物质基础，而人类的肢体感知构成景观设计的精神基础。

图2.30的作品是日本艺术家库匝玛（Yayoi Kusama）为法国里尔欧洲火车站广场设计的一件雕塑作品，这件雕塑作品采用了北欧特有的郁金香为题材，以玻璃钢翻制并彩绘。作者没有设计雕塑的基座，反而让雕塑直接落地，人可以穿行于雕塑之间，我们很容易接近和触摸这件作品。因为它不再是仰视才见的纪念性雕塑，不再有尊贵的基座，这些艳丽的玻璃钢彩绘郁金香直接接种在地面，让人们更容易联想到该植物和土地的关系。这件作品不仅成为火车站最显眼的标志定位系统，它也热情地接纳着过客与它共同创造这件人性化的雕塑作品。

图2.30中的妇女坐在叶子上欣赏到的正是艺术家精心设计的观赏角度，用来观赏和体验350 km/h的高速列车飞驰而过的震撼。车站与广场在视觉上完全是一个整体，只是用玻璃幕墙界定各自的空间和功能。

图2.31在叶子里的情人展现了这件作品最精彩、最有生命力的部分，他们享受着叶子提供的休息空间，他们用肢体与这件作品交流，他们就在作品之中，他们是这件作品的组成部分。对于其他人来说，这对情人和这件雕塑一起给这个广场空间带来了无限的生机和活力。这是一件活的艺术品，因为它作为艺术家与社会的媒介提供了一个接纳百姓共同参与、创造共同生活的平台，由于公众的参与使这件作品无时无刻不在变化，这种与社会大众的共容和再创造的过程是艺术作品真正的生命价值所在。我们可以远距离地欣赏这件作品与空间的整体效果，它已经不是一件“高贵不可触及的艺术品”，我们也可以在作品之中通过触觉、听觉和视觉等感知这件作品和空间的微妙变化，它的价值在于它具有媒介性、沟通性和进而引申的再创造性。

这件作品所设计的每一个花瓣，每一个造型都与使用者和空间发生关系，人们通过视觉和触觉语言与空间和雕塑对话。当然，这件作品表现得还不只是这些。巧妙的构思使这件作品独具特色。图2.32中我们可以看到叶子中心有一个小孔洞，这个小孔洞是为了让雨水顺利排出，以保持叶子干燥。在孔洞的正下方，由于此处的水分充沛，在石缝中生出小草。这些自然生长的小草与这件巨大的人工郁金香形成体量上的强烈对比，也许它在揭示着大自然的顽强，也许

1　阿兰·考宾，《景观中的人》，法国特克斯丢勒出版社，2001，11页。

图2.30　郁金香

摄影：安建国（见书末彩插）

图2.31　叶子里的情人

摄影：安建国（见书末彩插）

图2.32　叶子中心的小孔洞

摄影：安建国（见书末彩插）

它在暗示着日本艺术家在制作这种艺术作品时新的思维方式，也许它只是一种美丽的偶然……在诸多的猜想中这件作品又获得了新生。

一件优秀的艺术作品能够很容易引发我们去思考、去体验、去感受……一件平庸的艺术品只是局限于造型和装饰手法的表达。景观设计中包含很多以空间为背景的公共艺术作品，那些在景观中的艺术品除了它本身的艺术特色外，还要表现景观空间的共容性和沟通性，因为景观中的公共艺术对于景观来说，更重要的是它的媒介性，而不是它的自我表现形式。

"从第二次世界大战之后到20世纪末，人们深刻意识到科学理性及商业利益给社会带来了物质的丰裕和便利，却没有真正带来精神和社会生活的充盈与满足，世界范围内的公共艺术及城市景观艺术实态逐渐显示了：人们开始认真反思城市公共艺术及公共建筑环境设计中如何适应人性化、诗意化的生存需求。"[1]

2.3.3 关注人以外的景观元素

景观设计不仅是为了满足人们生活的需要，人是景观设计中的一个元素，景观设计创造着一切生命的和谐共存关系。

在西方，当我们谈起景观时，往往从意大利文艺复兴时期谈起。因为这是一个变革信仰的时代，景观的存在联系着宇宙、矿物、植物和人类。人类被视为人类所生活的环境的中心体。人类通过构成环境的元素之间的整体影响而获得信息。la plupart des spécialistes font commencer l' histoire du paysage en Occident à la Renaissance，parce que c' est à ce moment que commence de se défaire la croyance selon laquelle il existe un lien étroit entre le cosmique，le mineral，le vegetal et l' humain，et que，par consequent，l' homme，au Coeur de son environnement，était informé par tout un système de signes et a ffecté par un ensemble d' influences.[2]

在技术理性和实证逻辑几乎驾驭一切的时代，反观近代启蒙历史中以人性替代神性的过程，从一定的意义上看，也是人类试图将由"神"主宰一切转向由人主宰一切而努力的过程。进而试图把人类自身的尺度、欲望作为评价一切事物价值和功过的标准，这显然误入了"人类

1 翁剑青，《公共艺术的观念与取向》，北京大学出版社，2002，6页。

2 阿兰·考宾，《景观中的人》，法国特克斯丢勒出版社，2001，59页。

中心”的泥潭。[1]

今天我们在城市里很少看到蝴蝶了，因为城市没有给蝴蝶留下适宜的繁殖空间。蝴蝶通常在杂草枝杈中产卵繁殖，工人在修剪草坪的同时也把蝴蝶产卵的地方剪掉了。我们脑海中的美有时过分局限于人类的视觉感受和直觉需求，在人类社会之外还有其他生命群体的存在。图2.33显示的是在法国随处可见的绿地，这些没有修剪的草坪不是人们忘了修剪，而是景观设计师有意留下来不剪的，目的是让蝴蝶等昆虫在此产卵，这是景观设计师为昆虫设计的繁殖地。

2006年，我曾为法国马赛市的宝海利（Porrely）公园设计垃圾清运场。我的设计任务是将公园垃圾场的清运口改到公园后门的入口处，原来垃圾场入口的位置是在距离公园后门100米处。事实上，垃圾场的位置并没有变，只是把入口改到邻近马路的公园后门处，这是为什么呢？公园管理人员说："以前清运垃圾的车必须经过一片树林才能到垃圾场入口清运垃圾。经过生态学家调研，在邻近垃圾场的树林里有刺猬、蛇、鼹鼠、蚯蚓、线虫和野兔等，当清运垃圾的车从树林穿过时所引起的震动对地下的小动物来说相当于8.5级以上的大地震，这些小动物无法在树林中生存，于是它们逐渐离开了树林，而今除了绿化之外，动物的食物链被切断，已经没有了生态意义。为了恢复这片树林的生态系统，首先就要保护树林的生态环境。因此，我们决定将公园垃圾场的清运口改到公园后门的入口处，使垃圾清运车可以在后门直接清运垃圾，我们期待着这片树林的生态系统能够重新恢复。"听到这儿，我非常感动，这不仅仅是生态保护，这是一种超越人类的博爱，在我的大脑中回荡着"自由、平等、博爱"的法国国家格言，是时代的需求改变和定义着现代景观设计，景观设计研究的是一切生命的和谐共存关系。

前面提到的法国北部废弃矿区的景观改造分为两部分：第一部分是在这一章节中提到的，即景观设计师因地制宜、因势利导地改造了矿区的地形、土质、植物群落等，提供了景观自我发展的条件，使大自然通过时间进行自我恢复和自我管理。第二部分是废弃矿区的公益性改造，在整个矿区的生态环境恢复中邀请使用者来共同参与。

图2.34是公园湿地的一角，景观设计师创建了一个由树枝搭建的月牙形雕塑，平整的草坪和湿地与这件朴素的雕塑作品形成强烈的对比，在现场我明显地感受到设计师在这件朴实无华的作品中所倾注的心血。这件作品不但在空间上给我们带来不同尺度的视觉享受，也让我们

1　翁剑青，《公共艺术的观念与取向》，北京大学出版社，2002。

图2.33　法国卡湾市的社区绿地

摄影：安建国

图2.34　法国卡湾市公园湿地的一角

摄影：安建国

图 2.35　景观台的两侧

摄影：安建国

用听觉去再次细心地感知景观。这件雕塑是为青蛙和水獭等小动物营造的栖身之地，你会在湿地边听到蛙声，有时还会看到水獭好奇地向你张望，该作品为我们和我们周围的生命架起了一座共存的桥梁，这是一种博爱，是人类对世界万物的呵护。

在矿区公园水塘另外一个角落的景观台两侧我们又发现这件系列作品中的一部分（图2.35），如果我们细心观察它所处的地理位置就不难发现，这件作品不仅有助于恢复生态环境，也有助于防止水土流失。景观设计师通过自然元素用朴实的审美趣味艺术化地再现了自然。

自然总是以人与自然的关系来界定和衡量的，有发展潜力和可能的事物是自然的特征。

2.3.4 关注过渡景观设计

景观设计不仅仅是为了配合建筑设计。相反，时代的需求使建筑成为景观设计的一个元素，城市规划和景观设计相互渗透。

景观设计在建筑学院里经常被理解成是为了配合建筑的绿化设计，成了在建筑平面图上的绿色装饰或在空间上的植物点缀。这种认识使景观设计在建筑设计面前完全萎缩，被迫成了建筑的附属物和装饰品，这种错误认识严重阻碍了景观设计的发展。

当然，这种观念的产生也不是偶然的，因为大多数没有受过专业景观设计教育的建筑师对于景观设计的理解还停留在绿化点缀的层面上，甚至于不知道要种的树是什么；为什么要种这种树。铺设草坪后又想当然地加设喷淋器，这一切工作程序似乎很符合规律，但是缺少对自然科学和土地的深入研究，尤其是工程结束后被动的景观维护劳民伤财。这种状况不仅在中国存在，在西方发达国家也一样存在。法国的大部分建筑学院的毕业生如果不是自修景观设计也无法对景观进行合理深入的设计，因为景观设计所囊括的内容远远大于建筑空间所表现的范畴。景观设计师深入思考利用多变的地形收集雨水，设计适宜不同湿度的野花野草和本土植物，利用自然条件降低景观设计施工和维护的成本，给人们创造一个了解自然和呵护自然的机会。景观设计是全社会的，它不是景观设计师的专利，它需要全社会的参与并通过时间和爱完成。

中国的传统文化总结了很多生活真理，“应物象形”、“外师造化”的传统思想直到今天仍应用于中国文化的各个领域。中国传统的哲学思想早已将人、自然和社会的关系从不同角度进行深入剖析，人和人类社会的进步是在尊重自然规律的基础上得以良好发展的。

值得一提的是，近几年欧洲设计师开始探讨景观与建筑之间的施工协调问题。有几个现实问题摆在我们面前：①建筑工地的再利用问题，即在建筑施工期间如何让那些还没有施工的闲置土地发挥社会公益作用？②景观施工是不是可以与建筑施工同时进行？用什么方式来调节两者间的关系？

带着这几个问题，经过多次讨论，法国的景观设计师推出了一个共同的意向——“过渡景观设计”，即在建筑奠基之日起到建筑落成时进行过渡式的景观设计，让在施工中闲置的土地再发挥社会公益作用，为景观设计方案的实践做一个过渡式的调整。我们没有必要等到所有的楼房竣工后再开始种树，只要合理的设计工地材料和垃圾运输路径，把景观施工与建筑施工结合起来，可使景观的实施在时间上形成次序性。很多新社区都是在建筑工程结束后再做景观，这样会使景观显得极为做作，而且与建筑环境不协调。为了快速出效果，建筑师用最短的时间铺草坪和植树。植大树成活率低，且昂贵，植小树又要等上好几年，而且植物的空间尺度与建筑体量失衡。因此，“过渡景观设计”理念的提出是适应新时代的要求，只要合理有计划的使用空间与运输通道，我们完全可以很好地调整建筑与景观施工的问题。

法国土尔旷市（Tourcoing）新社区的过渡景观设计是这一思想影响下的尝试，这是一项跨越3个城市（Tourcoing、Roubaix、Wattrelos）的居民社区建设。该项目通过投标的方式于2006年确定了规划方案，该工程施工时间将持续15～16年，分为6个工程区，建筑师对6个区域的建设时间和材料预算做了详细的规划，但到2008年为止还没有出台景观的施工时间表。显然，建筑师认为这不用着急，因为景观设计方案已做，5年以后再开始景观施工也不晚。

这项法国北部近年来最大的社区建设项目引起了法国里尔国家高等建筑景观设计学院的关注，弗利波（Sylvain Flipo）教授和布丹（Gerome Boutterein）教授组织了一个持续8个月的“过渡景观设计”课程，这是该院在教学上的大胆尝试，该设计课程的主要研究内容是：如何利用闲置的规划用地再创造社会公益价值？探询景观施工与建筑施工的协调问题，尤其是景观形成过程中的灵活性和适应性研究。学生们根据施工时间段将施工前期80%的闲置土地做了分类处理，如：

（1）利用原有的马路解决建筑材料和垃圾运输问题。

（2）在现有景观设计方案中的公共绿地和10年后将施工的闲置土地上种植树木，原因之一是利用空地绿化来净化空气，主要的树木种植可以尽早进行。原因之二是生长10年后的树木在建筑区域内可自由调整，景观的可塑性很强，在建筑工程结束后环境不失和谐。

（3）在5年以后将施工的闲置土地上培植苗圃，在3年内即将施工的大片草地上放养奶牛，奶牛放养场的边界随着建筑施工的变化而变化，这些边界分别由道路、工业废弃厂房（精美的厂房外墙已成为文化保护遗产和该区的象征性标志）、苗圃和树林界定。这种创意是将乡村的休闲和恬静引入高密度的城市社区，从心理上改变城市的紧张感。奶牛牧场是3个城市的交界处，是原工业厂房所在地，这种独出心裁的想法打破了城市与乡村的界限。在这种过渡式的景观中也流露出人们的梦想和期盼、团结与共勉。

（4）设计师用拆卸下来的陈砖废瓦以道路引导的形式随意地铺设在树林和旷野之间来引导和观察人们如何通行，如何使用这片土地，然后把每一次精心的观察记录下来，这是后期景观形成阶段道路系统设立的重要依据，是生活在这个社区的人们真实的活动和生活方式（社区与社区间的道路沟通、不同绿色和公共空间的使用、人们停留的时间和人流量等），决定了道路系统的形式。而不是设计师在绘图室主观臆断的遐想。

（5）所有的创意都在可持续性规划发展的前提下，经济节俭地发挥土地所赋予的社会意义。

2.4 知识体系

2.4.1 自然科学

自然科学包括植物学、生态学、土壤学、水文学、物候学、地理学等。

从生态角度上讲，景观是一个空间的组构，是自然过程和人类活动相互作用影响的结果。Le paysage au sens écologique du terme est une structure spatiale qui résulte de l’ interaction entre des processus naturels et des activités humaines.[1]

---

1 拉法艾勒和卡特林娜·拉奈尔，《自然的合理应用》，法国巴黎奥彼尔出版社，1998，202页。

自然科学是景观设计的最重要的学科之一，只有掌握更多的自然科学知识才能更好地驾驭景观设计，自然科学为景观设计提供了无限的思维和无尽的启迪。只有对土地科学的理解才能合理地改造土地，只有对不同植物系统深入的了解才能合理选用适宜该植物生长的土壤和环境，只有充分了解水文科学才能合理利用地形从而发挥和利用水利资源来营造景观，只有充分了解设计场所的物候特征才能使景观设计的所有构成元素在和谐的环境中共存。自然科学对景观设计的启迪既是具体的，也是抽象的，这种自然科学的启迪通过景观设计语言表达出来。正如《法国现代设计论》中写到的，“灵感不在自己本行范围之内，它是在别种领域之中获得的一种意向，将这种意向反复思索玩味，直至达到思想的饱和，然后再用你的职业语言把它翻译过来。这种意向的储蓄就是灵感的培养。”这句话总结了所有设计领域的共性，那就是启发与被启发、创造与再创造的关系。这句话也告诉我们，知识的取向是多元化的，灵感的启发是需要积累的，玩味和孕育知识的过程就是创造过程。

图2.36是一个在森林中不被人知的角落，是大自然创作的艺术品，没有人为的干预。这件动感十足而造型别致的雕塑其实是一个腐烂的树根生出的苔藓，该地区湿度很大，降水量非常平均，因此在树木被砍伐后，潮湿的空气和土壤滋养了各式各样的苔藓和蕨类植物。景观不仅仅是由人来塑造的，大自然通过本身不同的地质地理和物候条件也在自我塑造着景观。而这种天赐的景观正是景观设计师需要在自然环境中提炼的灵感用以创造现代的、生态的人居环境。在现代景观设计中鼓励自然的参与，减少经费投入，减少景观施工后的维护，节省人力。

大自然创造了美，人们对其美的拾取在不同时代有不同看法。以前在生态环境没有被破坏时，我们拾取的是自然界中的美中之美，因此诞生了作为奢侈品和身份象征的传统园林。而在社会平等的今天，我们没有必要用传统园林显示身份和社会地位，中国园林的发展对象由富有的个体转向人民大众，在这个转变过程中对自然美的拾取也发生了变化，它具有时代的特征和大众的共识。

图2.37的景观设计作品位于法国北部省的“镶嵌公园”（parc de mozaic）内。景观设计师为当地的一种保护昆虫棘胫（Scolyte）设计了一个露天博物馆，这种昆虫生活在朽木之中，这个露天博物馆是以棘胫的家为蓝本放大修建的。设计师用柳树编制了隧道，用竹篓营造了棘胫的居室，观众将以昆虫的方式来进出该昆虫的家园，体会棘胫是如何生活的，尤其是让孩子们立体式地学习和感知我们周边的生命。在柳树编制的隧道拐角处有时会有休息椅，让你去观察

图2.36　森林中不被人知的角落

摄影：安建国（见书末彩插）

图2.37 “镶嵌公园”

摄影：安建国

和欣赏和你一样的观众是如何欣赏这件作品的，该作品创造了一个容纳观众的多变空间，观众作为一个可变的元素成为这个昆虫博物馆的一部分。此外，这种设计打破了传统博物馆陈列标本的做法，而是向观众立体地展示昆虫的生活家园和真实的昆虫生活方式，透过竹篓缝隙，通过望远镜你可以清晰地观察到昆虫的生活，这件作品通过对自然界的艺术夸张拓宽了景观设计的视野。

法国里尔国家高等建筑景观设计学院于2005年大胆尝试了一门新的课程，课程的主题是“城市里的树”。这不是一门设计课，而是一门通过实践的方式对自然科学知识在真实的生活环境中进行具体研究的课程，学生可以在城市中发现很多现实存在而在书本并没有论述的特例，这门课程是让学生去寻找理论与实践的落差，让景观教学更加趋于真实和实用。带着这些疑问，我走向里尔街头，并发现了很多“可疑的树”，但最让我好奇的是在通向沃邦公园的马路上有一排树全部向马路中心倾斜约15°，街道平均宽16m，机动车道宽10m，两侧人行道分别宽3m（图2.38）。工作从这条街道开始，我仔细地观察着每一棵树和树木周围的环境，试图寻找树木倾斜的原因，我提出了很多解答的设想。

第一个假设是很可能靠马路一侧的树木根系常年被车辆压迫，从而使该侧根系土壤压实，树木根系无法正常吸收水分，最终导致树木整体向马路中心倾斜的现象，该假设被教授否定了。教授说：“你的假设可能是树木倾斜的原因，但不是该条马路树木倾斜的主要原因，因为树木主干距车道约有3m，树木根系不会受到太大影响。此外，该街道仅通行轻型小轿车，这些百年老树的根系早已深入到地下12m深并已完全适应其土地条件。”

第二个假设是很可能由于来自英吉利海峡的季风长期影响导致了树木的倾斜。通过进一步对该城市规划史的研究，我推翻了这个假设，因为在季风吹来的方向，在树木种植之前就已建起了一排4层的楼房，即便有季风的影响，也不会导致树木如此倾斜。很明显，这些树木也不可能是栽种斜的，因为它们倾斜的角度如此一致。

最后，植物学家给了我一个准确的答案。那是因为树木在高温的夏季为了给树根降温而本能地倾斜来制造树荫。我听到这儿，简直惊呆了，我从来没有想过树木会有这样的本能反应，它真的是一个完整的生命！在我的大脑中立刻出现了很多问题：什么是生命？什么是环境？什么是景观设计？景观设计真的是为了满足“人们”生活的需要吗……

法国著名国家景观设计师、里尔国家高等建筑景观设计学院的牟斯盖（François-Xavier Mousquet）教授设计的“法国阿赫那市生活废水处理公园”（Lagunage de Hames）是生态景观设计

图2.38　法国里尔街道

摄影：安建国

的杰作（图2.39）。该设计于2006年获得了“巴塞罗那国际景观设计双年展”金奖，2007年我曾带领北京大学景观设计学院的师生考察过该项目，并请出牟斯盖先生现身说法，在交流中我们获得了无数的宝贵知识，在此也向牟斯盖先生对中法文化交流做出的贡献表示衷心的感谢！

“法国阿赫那市生活废水处理公园”的立项策划开始于1992年。阿赫那市处于巴德伽莱（Pas de Calais）省于20世纪60年代废弃的煤矿开采区，这个城市在150年前就是一个矿工社区，到今天为止已成为拥有8万人口的小城镇，自60年代后停止了煤矿开采，该地区就致力于生态环境的恢复工作。90年代初，该区的生态环境得到根本性的改善。牟斯盖先生根据人居环境的改变于1992年大胆地提出建立一个生活废水处理公园的设想，阿赫那生活废水生态净化系统是一个最简单的公园，一个最简单、最节省的污水净化站，一个最简单的自然保护区，它溶入了不同的土地元素，从而形成了新的地域特征。该设想有两个组成部分：一是采用环保的生态技术处理生活废水，并使其成为公园的一部分；二是处理后的生活废水可达游泳池的水质标准，使其流入露天游泳池，游泳池的水不断流动，经过一片芦苇区和泥炭藻净化后最后流入德勒运河。

牟斯盖先生告诉我：“有一个人口与这种生活废水处理的比例标准，即在该项目中平均每个人需要10 m^2的自然净化面积，因此对于约8万人口的阿赫那来说，需要80万 m^2的生态净化面积。”

阿赫那全市的生活废水经杂物过滤网过滤后流经一个人工山丘，这座山丘由大小不等的沙石构成，用来再次过滤生活废水中的大块垃圾。然后，生活废水流经栽植在细沙和黏土中的柳树林，柳树林在约1m深的沙土中生长出非常密集的根系，加之细沙的渗滤作用使生活废水得到初步净化（图2.40），在这一环节里既使生活废水得到了净化，又使柳树获得了充分的营养。

生活废水经过密集的柳林后进入“之”字形以芦苇为主的水生植物区（图2.41），这里主要通过植物的根系瘤和根系圈吸附生活废水中的氯化钠和重金属污染。在植物中，芦苇的根系瘤和根系圈对污染物的吸附作用是非常强的，而且它生长迅速，通过光合作用可将污染物由根系吸附到茎部转化成木质素，从而达到降解水体污染的目的。每年入冬前割除芦苇秆送到焚烧场经过焚烧重新提炼重金属、生产天然肥料和沼气，这样做也是为了避免芦苇秆腐烂于水中重新造成污染。但是，在植物净化区经常会出现如下问题：①水域表面出现很多浮萍。②藻类植物繁殖迅速。③水体缺氧。④水中细菌繁殖过快。

图2.39　法国阿赫那市生活废水处理公园

摄影：安建国

图2.40　柳树林净化生活废水

摄影：安建国

图2.41　芦苇等水生植物净化生活废水

摄影：安建国

牟斯盖先生设计了4个风车来解决这些问题，通过风能风车（图2.42）将植物净化区的水抽向高处使其洒落并流经风车下面的水泥台阶，最终又汇入植物净化区。当水由高处向低处洒落和流动时是对水体的加氧过程，当水流经水泥台阶时是对水的杀菌过程，因为紫外线对水的穿透力只有10cm，加上浮萍的遮挡，植物净化区水体的细菌繁殖很快，容易滋生耗氧量极大的藻类植物，水流经水泥台阶时的水体厚度约2cm，紫外线会有效地对水体进行杀菌。

对于游泳池至德勒运河之间的芦苇区的芦苇则并不焚烧，而是采用沼气发酵的办法生产天然气。这是因为该处的芦苇主要污染降解的对象不是重金属，重金属的主要降解过程已在水体流入游泳池前结束了。

这里由一片荒芜的旷野变成了一片自然保护区（图2.43）。到现在为止，已由20世纪70年代的十几种动物和鸟类增至100多种，大量的水獭已经在此安家，我们还发现了两种珍稀鸟类在此栖息。

2009年4月，牟斯盖先生在“上海中法景观论坛”中讲解了该项设计。他第一次来中国，对中国规划和施工的“速度”早有耳闻，他在论坛上除了讲解该项设计的生态意义之外，还着重讲解了景观设计的时间性。阿赫那市生活废水处理公园从1992年正式设计和施工至今已有十多年，但工程并未结束，不是施工过慢，而是景观设计师有意将工期分成几个阶段，一方面可以缓解投资经费压力，另一方面可以对景观的生态发展进行观察和调整。果然如设计师所料，在主体工程结束后于2008年进行的一次生态评估发现：该区的生态环境恢复得非常好，但生态系统出现失衡倾向。在植物净化区的水域内发现了一百多只水獭，这些水獭在此安家并迅速繁殖，但与此同时没有捕食水獭的动物，结果水獭在水下挖洞，导致人工隔水层出现很多破洞，水体下渗过快。针对这个意外出现的生态问题，景观设计师和生态学家正在研究调整方案。牟斯盖先生说：“我们无法预测在景观发展和形成过程中所出现的问题，但是我们在策略上留出了足够的时间和空间来调整这些不可预知的问题，我们不主张立即推出装饰性的景观效果。”

2.4.2 环境空间（对空间尺度的理解）

土地是景观设计师工作的对象，对土地、空间尺度和自然的把握与理解是必不可少的，

图2.42　风车

摄影：安建国

图2.43　矿区生态恢复

摄影：安建国

图2.44帮助我们了解景观设计所需要领会的空间尺度。图中社区人行道通过不同材料的应用，自然地表现出该通道在不同人流时所发挥的不同作用，该人行道大约5m宽，中心铺设2m宽的实心水泥方砖，两侧各铺1.5m宽的空心水泥方砖，在空心方砖的空隙中长满野草，我们在一定的透视角度内看到的是1.5m宽的绿油油的草坪。从图中我们能清晰地看到，在5m宽的道路中，中心铺设实心水泥方砖的路段最为显眼，由于材料上的差异，这一部分在人流较少的时候是使用率最高的部分。在人流过大时，人们可以自由地行走于空心水泥方砖之上，毫不影响小草的生长。这样做非常有效地利用了土地，既解决了不同人流量的通行问题，也扩大了社区的绿化面积，最大限度地减少了水泥对地表土壤的封堵，增加土壤与大气的氧气交换，提高土壤含水率，从而减少暴雨季节，雨水给河道带来的排洪压力。景观设计师从来没有孤立地去理解空间，对于景观设计来说，空间的作用始终与构成空间的元素（土壤、水体、植物、建筑和大气……）和人的使用方式发生关系。

大量的不透气的水泥对地表进行封堵后，将对地表生态系统造成直接破坏。首先是地表土壤开始缺氧，进而导致地表真菌和微生物死亡。由于食物链被切断，接着是土地表层的蚯蚓和线虫的死亡，没有了松土的蚯蚓和线虫，也不会有刺猬和野兔……土壤就这样一天天压实，最终形成一片贫瘠的土地……这一切都是为了“满足人们生活的需要”，人们真的需要这样生活吗？人类能不能以更宽容的方式对待这个世界和人类自己？

当我们今天在景观设计领域探讨空间尺度时，主要是探讨和研究人在空间中的活动尺度和不同空间尺度中不同功能之间的和谐关系。一个巨大的广场让人茫然，有人说，一个大广场便于集会和组织社会活动。可是除了这些集会和社会活动，广场空间每天都有日常活动的人们，他们对广场的使用率更高，我们可不可以在广场设计上兼顾它的政治性功能和社会生活功能呢？我们只有通过对人们在广场中的日常活动内容、活动方式及广场的社会集会特征的研究来寻找答案。

法国亚眠（Amien）市府广场（图2.45）很好地说明了一个巨大广场是如何兼顾它的政治性功能和社会生活功能的，这两种基本功能的研究基于人在空间中的活动尺度研究。

与其他国家的城市一样，庄严的市府办公大楼对面是一个开阔的广场，以彰显权力威严和组织集会。设计师巧妙地利用地形高差将市府广场分割成各具功能的4个部分。市府大楼右侧的广场地面稍稍抬起并加以护栏（图2.46），这是市长与集会组织者演讲的地方，这个隆起的讲台只是更突出了广场地表变化，并没有故意营造台上与台下的不同，给人一种十分亲和的感

图2.44　法国雷恩市社区人行道

摄影：安建国

图2.45　法国亚眠市府广场

摄影：安建国

图2.46　亚眠市府广场一角

摄影：安建国

觉。这是一种民主集会和平等沟通的感觉，而不是官与民的等级分化感。地面的材料和色彩，加之地形变化使这块“L”形地域成为市府大楼的一部分。在这块倾斜的高台与主广场地面的交界处，设计师设计了一个很缓的斜坡，这个斜坡极大地丰富了广场的立面空间，不仅给残疾人提供了便利，也是青少年在此进行滑板和自行车运动的理想场所，这些活泼的年轻人给广场注入了无限的生命力，在庄严的政府集会后，这里却是孩子们自由活动的天堂。还有人坐在斜坡沿上休息和享受阳光，每个人各得其所、互不影响，广场的这个角落在不同时间里充分发挥了其功能。一个简单的斜坡改变了广场的意义和功能，因为它满足了人们活动的空间尺度。

广场的另一端用红砖铺设了约5°的斜坡，雨水可以迅速排走。这个斜面通过视错觉扩大了广场的空间透视效果（图2.47）。来往于马路上的车辆和行人能够明显地注意到这个地表斜面，但视域被植物堵截，使市府大楼下部的空间被隐藏起来，人们在不同方向会看到不同形象的广场，而并非一片一览无余的大空地。设计师在广场上根据土壤特性分块培植本土植物，让人们通过这些迷你小花园联想周边的自然和人文环境。广场的地形设计也是为了给地下车场创造更

图2.47　亚眠市府广场
摄影：安建国

多的空间，地下车场的入口与广场极为协调，车场入口右侧则是广场最大的餐馆和咖啡馆，人们坐在这里享受阳光、休闲、进餐，使一个原本冷清的大广场成了人气十足的相会之处，庄严的市府大楼外墙在此成了这个公共空间的背景，它定义着政治、历史和地域文化，但是生活在这里的人们定义着空间的性格。

景观设计师要有非常敏锐的空间感，这种空间的体量不仅包括地表可见的空间，也包括地下和大气中不可见的空间。比如一个生态村的总体设计是对天、万物和大地的和谐关系的设计，是一个能量转换的设计，是空间和时间双重意义的设计。我们可以在生态村中使用很多生

态技术，但天地的资源如何在人的参与中得以交换是生态村设计的实质问题。

法国的一个生态村工程给我们提供了宝贵经验。生态村约有40户村民，该村坐落在没有污染的山谷里，有一条小河穿过村庄。人们利用水力和太阳能发电，利用红外线加热取暖，人们用生活粪便灌溉自留耕地，没有任何化肥污染土地。生态村没有连接城市基础设施网络（自来水管道、生活废水排泄管道、电网、煤气管等），在能源供给上是完全独立的。山谷里丰富的水力资源给生态村提供了稳定的能源，两台小型的水力发电机隐藏在约2m高的水坝中，既没有噪声污染又满足了用电需求，在春、夏、秋季阳光较多的季节，人们还利用太阳能发电来补充旅游季节的用电需求。剩余的电能则卖给国家，因为法国于2005年确立了新的能源法，即国家鼓励开发并优先收购自然清洁能源，国家将以正常电价的1.2倍收购清洁能源。其实国家是用补贴的方式鼓励百姓保护环境、减少污染，尽可能开发利用自然能源。

这个生态村有一个蓄水池，收集的雨水流经沙石渗滤区和芦苇区获得净化后由风车将水抽到屋顶的水箱用来洗澡和冲洗便池。设计师对净化水的使用非常细心而节俭，净化水并不用来直接冲洗便池，工程师在洗手池和抽水马桶间加设了一个水管，洗手之后的水自然流入抽水马桶，这样做即节省用水，也减少了生活废水处理的压力，居民的生活废水通过排水管道流入生活废水处理区。详细的处理技术与牟斯盖先生的阿赫那市生活废水净化工程近似。有一些村民的马桶不是用水来冲洗的，而是用干燥的锯末子隔离每一次如厕，锯末子可以很快吸干粪便中的水分并除臭味，而且在马桶内自然发酵，这将是菜地的上好肥料。

别墅中的取暖系统同样别具匠心，为了使房间内均匀加热，工程师发明了红外线暖气，室内墙壁铺设板岩和木材，通过红外线对墙壁石板的均匀加热使室内保持一定恒温，避免因热气上升冷气下降所产生的室内对流而形成粉尘污染，室内几乎没有粉尘飘动。在室温高于20℃时，石板吸收并储存红外线发出的热量，在室温低于20℃时石板将均匀释放储存的热量。室内的墙壁不使用任何化学涂料，而使用传统的细沙、黏土和秸秆。在屋顶和墙壁内加铺亚麻和棉絮隔音防寒，并配以熏衣草和花椒防虫，熏衣草还可以净化空气。

这里不安装空调，因为空调中的氟利昂是使臭氧层变薄导致全球升温的主要污染之一。为了使室内在夏天和冬天都能适度地调节室温，工程师发明了通过地下水调节室温的先进技术。工程师在别墅内墙、地面和顶棚铺设了直径为1.5 cm、间距为10 cm的PVC管网，工程师也在生活废水净化池下铺设同样的管道系统，然后连接两个管道系统。为什么要这样做呢？原来1.5 m深的地下土壤不论是在夏天还是在冬天，基本保持10 ~ 15℃的恒温。在夏季炎热时别墅的墙内和屋顶的PVC管中的水受热超过25℃，而净化池下PVC管中的水只有约15℃，这样由于冷热的温差使水在PVC管道中自行流动，从而达到使别墅降温的目的。相反，在冬天，PVC管道中自行流动的水会将温度相对较高的地下水带入别墅墙体，辅助红外线暖气给别墅加温，节省能源。因此，景观设计师所看到的空间是从大气到地表，从地表到土壤的剖面空间，是建筑空间尺度和自然空间尺度的结合。

自然自我存在，但自然总是通过人与自然的关系来界定的，景观设计是人类介入自然形成和发展过程的有益尝试，在这个尝试过程中，人类更深入地了解自然，明晰与自然的关系。

2.4.3 艺术（人与空间的感受和沟通）

艺术讲述着景观，景观讲述着我们。L' art nous parle du paysage qui parle de nous.[1]

18世纪路易塞巴斯迪安在他的《巴黎风景画》论著中提到关于城市的描绘和欣赏方式："我们希望在所有生命中获得和谐，我们希望城市能谋求一个可以回答空间所赋予的文化的场所。但这不是简单的审美准则的评估。""La façon dont Louis-Sébastien Mercier élabore son Tableau de Paris，à la fin du XVIII siècle. La manière de décrire la ville et de l' apprécier résulte bien souvent de critères moraux：on souhaite une harmonie entre les êtres，on désire que la cité procure des lieux de rassemblement répondent à une vision culturaliste de son espace. Tout cela ne relève donc pas seulement d' une appreciation selon des codes esthétiques."[2]

在第二次世界大战以后，欧美艺术家积极地探索着艺术表现对象以及艺术家和观众的交流与沟通方式。在这一时期出现了很多有争议的艺术尝试，如：大地艺术和行为艺术，大地艺术应该说是美国的原创，美国的特殊地理条件提供了大地艺术创作的背景条件，第二次世界大战以后美国政府在政治支持和经济支持上都为创造现代式的美国艺术营造了良好条件，美国不仅想在政治经济上成为世界霸主，在文化艺术上也想取代欧洲的领导地位。美国新文化艺术的探索和研究确立了美国式的现代艺术并引导世界艺术潮流，使之成为对外文化政策的主导。在这种背景下，大地艺术的诞生摆脱了艺术作品面对面的欣赏方式，使欣赏者处于作品之中，甚至于成为大地艺术作品的一部分。

在这个尝试过程中，艺术家发现了空间的表现规律，起初艺术家尝试着通过艺术符号引导观众去解读空间，后来发现这些所谓的"艺术符号"或所谓的"创作"反而分散了观众对真实空间的感悟。于是艺术家们开始从空间与人的沟通方式上展开研究，也就是在这一时期，艺术开始介入空间。

一个景观从来都不是自然的，但一个景观总是文化的。

Un paysage n' est jamais naturel，mais toujours culturel.[3]

大多艺术家不了解生态学，但是艺术家用其独特的视角，从人对空间的认知上来诠释空间，并获得了巨大成功。这也是景观设计在20世纪90年代后从艺术的角度获得了新生的原因。

---

1 提柏尔甘，《自然、艺术、景观》，法国南幕出版社，2001，9页。

2 阿兰·考宾，《景观中的人》，法国特克斯丢勒出版社，2001，65页。

3 阿兰·罗歇，《景观处理》，法国哥丽玛出版社，1997，128页。

在美国出现大地艺术时，欧洲艺术家也在尝试着用另外一种途径进行现代艺术创作，这种途径就是“行为艺术”。这是近代最有开拓性的艺术探索，行为艺术家们绝对革命式地抛弃了传统的艺术创作形式，尝试用自己的肢体在创作环境中直接表现创作意图，这种创作形式不受空间的限制，可以在室内或室外创作，它有视觉性、有空间性、更有时间性的特征。行为艺术的创作起初由艺术家的自我表演发展到观众的参与互动，甚至是艺术家与观众共同创造艺术品，这大大提高了艺术在社会中的价值。

观众能更自由地通过除视觉外的其他感官来体会和感知空间和艺术创作，如：人们通过触觉感知材质，通过嗅觉感知气味，通过听觉感知声音，人们还可以通过第六感官感知超越艺术作品本身所表现的“灵感”。这些东西我们很少在美术馆里获得，因为空间中的构成元素在不断变化，观众对空间的感知也将随之变化（在烈日下，你会尽量地寻找树荫。由于光的影响和你的观察角度的变化将使景观也发生变化。在阴雨天时，人们一般不会在草坪上行走，漫步路线和停留点也就自然变化了）。景观的变化受自然条件和时间的影响，也受观者内心情绪的影响。克雷蒙（Gille Clement）说：“景观是当我们停止看它的时候，我们通过它而重新获得的东西”。

自现代主义思潮兴起时，对于景观的理解已经遗弃了以审美作为切入点的理解方式。Depuis l' aube des temps modernes，le paysage est abandonné à la seule esthétique de la contemplation. [1]

空间的评估不仅仅依靠场地的浏览，感觉器官对场地信息的反应将会影响你的走动速度、疲惫感以及或多或少由场地元素所带来诸多可能。当我们采用不同的方式（步行、汽车、飞机等）穿越景观时，我们所观察到的景观是不同的。这是一个游览过程、一个满足好奇心的尝试、一些可以使人们获得满足的途径。L' appréciation de l' espace ne se construit pas indépendamment des manières de le parcourir. La saisie sensorielle résulte de la vitesse des déplacements，des fatigues éprouvées，de la plus ou moins grande disponibilité procurée par les conditions matérielles. On ne perçoit pas le même paysage lorsqu' on circule à pied，en voiture ou en avion. Or，il est une histoire du voyage，des curiosités qui poussent à l' entreprendre et des manières de les satisfaire. [2]

景观是感知空间和欣赏空间的方式，或者说是一个读物。它的多彩取决于个体和群体。抽

---

1 阿兰·考宾，《景观中的人》，法国特克斯丢勒出版社，2001，29页。

2 阿兰·考宾，《景观中的人》，法国特克斯丢勒出版社，2001，101页。

象的肢体感知由起初的个性化和偶然化经过不同个体和相同个体不断的体验和提炼使之逐渐具体化，景观设计的灵感和空间意义上的再创造就酝酿于这个过程之中。当然，景观的形成自始至终都有科学与技术相伴。

“听”涉及空间和时间，所有因声音所产生的联想形象是瞬间的，当你凝视一个空间时，空间能被视觉和物体运动激活，而听景是多方向和多角度的，它具有非连续的持续性特征。当你观看之后而听到的声音，则很容易确认物体与声音的联系。当你只听到声音时，则很难辨析物像，于是联想随之产生，这种过程是“听景”所表现出来的。

图2.48表现的是一件以“声音”为创作媒介的现代艺术品，当我们走进这个毫无装饰的废弃工厂车间（已成为艺术展览馆）时，我们面面相觑，不知道这里在展览些什么？很快我们注意到一些声音，这些声音来自于悬挂在空中的微型小喇叭，每个小喇叭发出的声音都不同，而且有相互之间的联系。我们可以看到人们在小喇叭下闭上眼睛、下意识的移动追逐声音、体会其中的玄机，人们也在体会着声音在想象中的启迪。同时我注意到，还有人在欣赏这些正在体会和感受声音的人们。那么，到底什么是艺术家要真正表现的作品？是声音？是听声音的人们？是那个独立的空间？还是那个超脱于视觉范畴的无际想象？但是有一点我们可以确定，那就是艺术作品已经从墙上下来，开始介入空间了！

景观作为一种体验方式，它也是在游览过程中的自我浸入。

土尔旷（Tourcoig）市的“空地（Condition）艺术中心”的屋顶花园是景观设计师和艺术家在近150年历史的废弃纺织厂房顶共同创造的一件作品（图2.49）。该作品极为简洁，既不需要景观设计师进行绿色空间设计，也不需要艺术家进行造型设计。设计师们做的唯一一件事就是把纺织厂房顶经约150年所沉积下来的尘土收集起来，重新铺设在加高的厂房房顶（该厂房已改造成为艺术中心，用以组织艺术展、音乐会或其他公益活动），形成了一个屋顶花园，设计师没有种植任何植物，是房顶尘土中的养分和本地植物的种子通过风、雨、鸟等传播媒介而安家落户到这里。

屋顶的尘土重新铺设后的第三年，屋顶已是郁郁葱葱了，有300多种植物物种在此安家落户。植物学家们还发现有一些物种不属于本地，是从印度和非洲来的，植物学家解释道：“在大工业革命时期，这里是法国著名的纺织工业基地，有来自于世界各地的棉麻原料，这些植物种子就是被携带在棉麻原料中而传入这里的，有些种子适应了这里的土壤和气候，于是它们就在此繁衍生息了。”植物学家把屋顶花园里的物种进行标签说明，这里不仅给人们带来超越三维空间的历史回忆，也成为孩子们认识本土植物的植物园和教学基地。

这件作品改变了人们对于历史的纪念方式和对生活的评价方式，通过这件作品我们认识

图2.48　废弃工厂改造的现代艺术展览馆，德国西部杜一斯堡矿区的钢铁厂于20世纪70年代停产并改造成博物馆、图书馆、电影院、艺术展览馆和游泳池等。

摄影：安建国

图2.49　土尔旷市的“空地艺术中心”屋顶花园

摄影：安建国

到：不仅博物馆的展品可以具有纪念意义，不仅一件纪念雕塑可以再现和追忆历史文化，景观设计对于历史文化和现代生活的诠释有其独特的表现方式。人们的生活在改变，人们对社会的认识和价值取向在改变，一件杰出的作品可能是不可见的，甚至是无法绘制的，它需要时间和自然的参与来共同完成。我们有时身处大师的作品之中，但却不知道大师的作品在哪里？这是因为我们还在用形象观和审美观去辨别景观。景观是一个多学科的综合体，是一种思想解放的尝试，它逐渐显示着历史上前所未有的影响力，它正在总结着一种介于生态、艺术、空间和哲学之间的新的思想与实践方式。

气味会带领我们重回记忆、改变距离。当我们用所有的感官去洞察景观时，我们会使那些景观记忆突然显现出来。

在参观世界各地众多的艺术博物馆后，很难立刻回忆起某件作品。但是在法国湖贝（Hubais）博物馆中的一件风景画作品却给我留下了比蒙娜丽莎更加难忘的印象。这件风景画表现的主题是田野中的野花，画面色彩绚丽，技法纯熟，但并不是出自于绘画大师之笔。当我们来到这件作品面前时，有一位博物馆馆员发给我们每个人一个喷有香水的小纸卡，她解释道："这个香水就是用画面中画的那种野花制作的。"这真是太奇妙了！巨大的画面足可以占据我的主要视野，在画前嗅着香水，仿佛我已进入画面所表现的空间，就在原野上的野花丛中，感受着空间的气息，我在下意识地观察和记忆花朵的形象和色彩，感受着田野的空旷，这绝不是一幅画所能给予的。对于这件作品的欣赏，我们动用了非常规的嗅觉功能，而且这是唯一一件需要嗅觉理解和记忆的绘画作品，它给我们的信息是那么单纯而强烈，于是这件并不是世界名作的作品却成为我参观过的所有艺术品的第一记忆。

嗅觉记忆的信息在我们的生活中很少见，但它很容易被激活并参与大脑对事物的感知评价和记忆。多种感官的综合调用与开发在现代景观设计中极具表现潜力，它们可以有效地诠释和感知空间的特征，并且积极启发使用者用多种感官在不同时间和空间里感受景观。

图2.50中的作品是由丹尼尔·布兰（Daniel BUREN）于1968年为法国巴黎皇家广场创作的，该创作的精彩之处并不在于作品自身造型的表现，而是在于这件作品所表现的接纳性与共生性。与其说这是一件景观雕塑作品，不如说这是一个景观中的媒介，因为它已不再是一件摆设，它更重要的价值是提供了土地、空间和人之间的交流机会。这件作品重点展示的并不是高低错落的条形柱，而是在柱之上和柱之间的孩子和人们，他们是活的雕塑，他们才是真正的艺术品和景观。他们时刻在改变着这件作品，给其注入新的含义和内容，这是这件作品真正的生

图2.50 法国巴黎皇家广场

摄影：李迪华（见书末彩插）

命所在！该作品迎接着人们与它共同创造空间、共同展示空间，它与人们游戏之时，也是新的创造时刻，人们的不同行为在时间上提供了不断变化的空间内容。

这种共容的设计思想是景观设计师对空间和时间在景观之中运用的要点所在，因为它提供了社会生活新的可能和新的参与方式，我们对作品形成的经验并不是一致的，不同的时刻有不同的景象，或者说不同的诠释。此外，因文化背景的不同而产生的景观感受是不同的。

工作在自然中的现代艺术家不再寻求艺术作品中的自我表现和主宰感。L' artiste contemporain qui travaille sur la nature ne cherche pas à s' en rendre comme maître et posseseur.[1]

自然承载着所有形式的社会转型，而艺术如同生态学或景观设计师的实践一样在这个社会转型中发现着社会的契机。Naturel，il est le produit de transformations sociales en tout genre et l' art comme l' écologie ou la pratique des paysagiste y trouvent leur bien.[2]

卡特林·格鲁（Catherine GROUT）教授和弗朗索瓦兹·克迈勒（Francoise Cremel）教授于2006年在法国里尔国家高等建筑景观设计学院组织了一个“20千米长的河岸景观设计”的课题来探索和阐述艺术是如何启发景观设计的。该课程的开始不是理论课，而是3小时的舞蹈课，格鲁教授邀请了一位非常著名的舞蹈家讲解舞蹈家在舞动时是如何观察同台舞者和周围事物的，在

1 提柏尔甘，《自然、艺术、景观》，法国南幕出版社，2001，42页。

2 提柏尔甘，《自然、艺术、景观》，法国南幕出版社，2001，32页。

我们静止和走动时周边事物是如何变化的，如何认识这种运动的相对性？教授们是想通过这个新的尝试使学生脱离传统的视觉观察模式，向更多元化的肢体感知领域展开研究。在3个小时内，学生做的比听的更多，我们尝试着用双臂在舞动中定位视觉范围，我们尝试着在舞动时观察一个固定的事物，我们尝试着下意识的舞动，我们又坐下来凭记忆在纸上描绘着曾经舞动的足迹……

逐渐地，我发现了一些与常规认识的不同之处，当我光着脚走动时，足底的异常变化会下意识的分散我的注意力，我通过脚和皮肤来感知土地以及行走的节奏、警戒的方式、道路的机制等，我们的肢体重新感觉了土地的特征，并参与了景观的评价和景观的构建。当我边走边画的时候，我发现我所描绘的景物并不是真实的风景透视，而是景观中我最感兴趣的部分，这简直是太神奇了，在不知不觉中我提炼了景观，用我的肢体总结了景观。带着这种好似清晰但又十分朦胧的感觉，我开始对我将要设计的20千米长的河岸景观进行实地考察，对场地的考察既要细心又要有方法。我对场地进行7次考察，每一次除了画速写外还做了非常详细的文字记录，从这些文字记录中我们可以清晰地发现创意的来源。

第一次考察中我这样记录：天空晴朗，我细心观察着河岸小径的形成原因，有时很窄，有时很宽，有时贴近河岸，有时穿越树林……我沿着这些足迹漫步。体会着河岸的空间特征，感知着周围事物的变化……

第二次考察中我这样记录：多云，我光着脚行走，路过一片树林，树林的枝干自然的形成了风景画框。树林之后是一片灌木丛，所有的同学都可以藏在里面不被发现……

第三次考察：天气晴朗，温度适宜，我悠闲地在河岸漫步，我的视线在自由地滑动，清澈的河水与蓝天交相呼应，我不知不觉地已经走出了3km，我很想坐下来休息一下，我选了一块邻水较近并在树荫里的大石头坐下，微风轻拂着衣衫，广阔的田野令人心旷神怡。小憩之后继续前行，我经过一个沙石厂，远远的我就听到沙石厂传来的噪声，于是我加快脚步想尽快地经过这片噪声区，在这一区段我几乎对风景没有什么印象。我又走了5km感觉很累，很想躺下来，于是我选择了一片在河边开阔的草坪躺下来，蓝蓝的天空，潺潺的水声让人陶醉，当我扭头向水面张望的时候，我发现了非常奇妙的景观，蒲公英在蔚蓝的河水衬托下翩翩起舞，那么宁静沉着，这种朴素的美深深地打动着我的心灵……

第四次考察：今天下着小雨，我经过那片曾经让我激动的草坪，可是这一次我却不能躺下了，我只能站着看雨点在水中的涟漪，风、雨拍打着身体裸露的部分，并进入肢体而获得因人而异的瞬间即逝的感知……

“景观史学家在相当长的时间内忽略雨、雾、雪、台风及所有昙花一现的东西在空间的情感评估上的意义。” “Les historiens du paysage ont longtemps négligé le rôle de la pluie，de la brume，de la neige，de l' ouragan et，plus généralement，de tous les météores sur l' histoire de l' appréciation sensorielle de l' espace.” [1]

第五次考察：今天有风，我尝试着找一个可以避风的地方欣赏风景……

第六次考察：今天又是一个难得的晴天，我又开始漫步这条已经很熟悉的河岸了，但是每一次漫步的感觉却是不一样的，因为这种感觉受到环境条件和气候条件变化的影响。我记录了经常歇脚的地方，分析了选择该地点的原因……

第七次考察：今天是个周末，晴空万里，河边散步的人很多，我喜欢歇脚的地方都被占用了，我很高兴，因为今天使我验证了河岸休息空间的分布区域，我把人们在河岸停留点的密度做了一个图表……

这些高密度停留点中包括第三次考察中我所青睐的草坪，在100多张速写和10多页记录点评中我选择了那块草坪来展开我的设计，我重新分析为什么我会注意到蒲公英随风飘动？那是因为在我躺下时，我的视平线由平行转向垂直，这种变化使我改变对事物的观察习惯。正常情况下，当我们站立观察风景时（此时的视平线是平行的），我们对风景的欣赏习惯首先是中景，然后是近景，最后是远景。但当我们躺下时（此时的视平线是垂直的），我们对风景的观察次序是近景、中景和远景。正是因为视平线的变化使景物的欣赏次序发生了变化。因此，在改变肢体方向时我会很自然地改变对景观的观察方式，谈到这儿，我想读者应该较清晰地理解为什么我们研究肢体感知对景观设计的意义。

所谓“感知”就是要人们在实际的空间中感觉和领会。感官的分类、感官的平衡、关注的方式和感官信息的包容性构建了感官文化。这不能用任何模式来套用，因为每一个空间和环境都有它的特殊性和时间性。正是因为这种不同才使每一位设计师对同一个场地总有不同的理解和诠释，这也是为什么我不在该书中讲述景观类型和设计分类的原因。

达·芬奇说：“云是一个没有表面的躯体。相反，景观是一个没有躯体的表面，景观总是动的，总是无法最终确定其形象。景观借助了我们躯体的运动来塑造景观形象。” Un nuage，disait Léonard de vinci，est un corps sans surface. A l' inverse，on pourrait dire qu' un paysage est une surface sans corps；toujours mobile，toujours indécidable en sa figure，il prend la forme que lui prêtent les

---

1　阿兰·考宾，《景观中的人》，法国特克斯丢勒出版社，2001，131页。

图2.51　景观装置设计（玻璃钢制）
杨晓东绘制

mouvements de notre propre corps.[1]

向其他人传达捕捉到的信息是设计师对景观的诠释过程。我很想与其他游客分享我所发现的美，但我总不能立一块牌子说："躺下，你将看到蒲公英飘动"。这样做完全摧毁了发现景观的乐趣，而且也没有任何诗意。经过对人体动作的反复分析，我设计了一个玻璃钢制30 cm高的雕塑，在雕塑上有两个坑（图2.51）。较大的坑左侧高右侧低约50 cm宽，较小的坑20 cm

1　提柏尔甘，《自然、艺术、景观》，法国南幕出版社，2001，114页。

宽。当人们围着它转并积极的思索时，人们已经参与了这件作品的创造，对于其他观众来说，围着作品看、触摸的人们已经成了这件作品的一部分。

这件作品还提供了人与空间沟通的可能，你会饶有兴趣地看着人们是如何发现这两个坑的用途的，首先人们会前后左右的看它，并想知道这方台上的两个坑的用途是什么。经过视觉理解后人们会尝试着用肢体来理解，于是人们尝试着坐在里面，当屁股放进左高右低坑中时身体自然倾斜，身体失去重心后会用右臂支撑，这时人们会发现右边的坑是为了放右肘的。当人们的身体完全与作品吻合时，这时人们所看到的正是我要表现的风景，即：那广阔的田野和河水衬托下的不断变化的大地。

爱姆森写道："在一个宁静的景观中，特别是开阔的地平线，人们的凝思和回想不亚于自然带来的美。" Dans un paysage tranquille，écrit Emerson，et particulièrement sur la ligne de l' horizon lointain，l' homme contemple quelque chose d' aussi beau que sa propre nature.[1]

景观的过程是一个"介入"的过程，包括具体形象的介入和抽象感官的介入，但是在两种介入形式之间又创造了第三种即具体又抽象的参与者（使用者）的想象介入。在90年前，欧洲的达达派艺术正是通过这种介入形式的研究推动了现代艺术和设计的发展，达达派艺术的创作宗旨在于"创作再创造的可能"，这种由艺术家进行的创造和由观众进行的再创造使艺术获得了无限的生命力。

不论是粘贴作品还是空间装置作品，达达派艺术家始终在尝试着通过两种（或多种）矛盾冲突的形象的并存，让欣赏者跨越时间的限制去寻觅矛盾形象间的联系，在这种寻觅的过程中艺术作品伴随着观众完成了每一次不同的艺术体验和即兴创作，这种能够延续艺术家个体创作之外的群体创作过程没有开始也没有结束，但这个过程在不断地接纳新的介入内容（历史、人文、科学、艺术、喜悦和悲伤……）。现代艺术家的存在意义不是在表现自我，而是在于构建艺术无限延展的可能和相互沟通的桥梁，达达派的艺术思想启迪着今天的景观设计思想。

法国景观理论学家伯纳德·拉索斯（Bernard Lassus）在其著作《景观理论的五个建议》（《Cinq proposition pour une théorie du paysage》）中提到：介入景观中的元素总是以具体形象伴随着景观演化的过程，介入的元素可能重新调动景观中的其他元素，也可能带来其他的东西，所有的一切融合于不同景观过程的游戏之中，我把这种景观设计上的介入叫做"景观过程的折射点"（Dès lors，le rôle de l' intervention，qui，pour des raisons diverses，s' est révélée souhaitable，va prendre forme dans ce mouvement et dans le jeu des divers processus. Elle peut tendre aussi à remobiliser

1 提柏尔甘，《自然、艺术、景观》，法国南幕出版社，2001，19页。

certain facteurs arrêtés，éventuellement à en ajouter d' autres，tout cela s' adjoignant au processus de ce qui est déjà en place. Ce type d' intervention，de projet-paysage，je le nommes "inflexion du processus paysager")。拉索斯所说的这种介入就是上文提到的"第三种既具体又抽象的参与者（使用者）的想象介入"。

这是法国湖贝（Hubais）博物馆出入口广场的路灯柱（图2.52）。当我走出博物馆大门时，第一眼就注意到多彩的路灯柱，而且色点参差错落颇有动感。但我走近才发现，原来这不是设计师的刻意制作，而是博物馆的观众们下意识的行为。这些小色点都是博物馆每天发的并贴在观众胸前的进门标签，博物馆每天都换进门标签的色彩。从博物馆里出来的很多观众就把这些小标签（图2.53）随手贴在路灯柱上，没有人知道是谁发起的，是何时开始的。人们有时在路灯柱前认真思考着小标签应贴的位置，每一个人在继续创作时都在接受和诠释现有的形象的总体感觉，但结果是令人惊奇的。我们发现人们运用各自的审美情趣共同创造着环境特征，共同创造着这件没有开始也没有结束的集体作品。这些艳丽的小标签提供了新的空间内容，它们成了人与人之间、人与空间之间沟通和认同的媒介，同时它们也是博物馆标志，它们在述说着每天的变化，记录着来往的过客，在这件共同创造的作品中，我们可以发现一种美的共识，一种参与的渴望，一种创造的天性。在这件没有原始创作意向的集体作品中，我们能发现一种人民大众对于社会生活自由诠释的趋势，这种趋势体现在积极参与社会生活，在交流中体会个性，在共生中体会民主。当人们发现他们也可以进行景观创造时，景观才真正具备了发展的契机，才真正成为人民大众生活的一部分。

在这个例子中，我们发现艺术与景观有着极为相似的地方，艺术上的绘画技法表现在意大利文艺复兴时期已经达到了巅峰。在此之后的5个世纪，艺术随着人类科学的进步和人文思想的深化而不断变革，18和19世纪的印象派绘画将感性的色彩表现上升到对光学的分析和科学的表现上。19世纪末的摄影术再次充实了艺术的表现形式，还有第二次世界大战以后艺术哲学思想的表现等。

由于全球民主意识的提高，大众文化的崛起，艺术走出宫廷贵族做作而高贵的表现模式而日趋自由，艺术家们尝试着用最通俗的语言诠释社会，这就是人性和博爱在现代艺术中的体现，而这种思想与现代景观设计的思想不谋而合，艺术在近代的解放主要体现在技术（包括音乐、舞蹈和美术等的艺术表现技法）与思想的相对独立。那么，作为新生代的景观设计在未来会不会出现技术和思想的相对独立呢?

图2.52　法国湖贝博物馆出入口广场

摄影：安建国（见书末彩插）

图2.53　广场灯柱

摄影：安建国（见书末彩插）

本书强调自然生态性和社会生态性在现代景观设计中并举。当代中国景观行业急需解决和认知的是景观设计中自然生态性问题。那么，对于未来景观设计的认知是什么呢？很可能是自然生态性和社会生态性的并立存在现象。这一阶段产生的前提是自然生态性由人为表现阶段进入到自然自我管理阶段，人们生活在一个真正和谐自然的人居环境中。

弗利波（Sylvain Flipo）和克莱芒（Gille Clement）主持设计的法国里尔欧洲火车站旁的"马提斯公园"于2004年获得了欧洲景观设计大奖，在这件作品中有一个约15公顷的"城市中的孤岛"堪称现代景观设计的经典之作（图2.54）。

里尔欧洲火车站的设计有其深远的战略意义。里尔是法国的工业中心，又是欧洲的交通中心，这里是通往巴黎、布鲁塞尔、阿姆斯特丹和伦敦的必经之地。因此，以里尔为中心形成了欧洲最发达的高速铁路网，里尔欧洲火车站及周边景观于1992年设计，2004年竣工使用。有十几位著名建筑师、工程师、景观设计师、城市规划师等参与设计和施工。

"城市中的孤岛"构思巧妙，该设计是弗利波和克莱芒在建筑施工中临时调整的一项设计，里尔欧洲火车站改建之前是工业区，这里的土地受到很多工业污染，这些污染土被清理出来堆成了一座小山，如果将这片污染土壤运到污染处理厂进行处理，那么这笔费用将是非常昂贵的。最后，景观设计师将这座小山拦腰推平，然后在推平的边界上垂直下挖直到触及地面约10m深，之后灌注混合了拆除的古城墙碎片的水泥，最后将形成的环形墙外围的土壤清除掉就形成了"城市中的孤岛"（图2.55）。

这个构思的初衷：

一是为了就地处理垃圾，减少搬运费用，节省人力物力。

二是使孤岛成为天然的污染降解处理场。1996年在这个由污染土构成的孤岛上种植少量的当地树种，岛上如今已是枝繁叶茂的密林景象，而且都是当地自然生长的物种。经过十几年，大自然自我调节及恢复，经过风、鸟和雨水的淋蚀作用等使无数的植物种子在孤岛安家落户。

三是在人口密集的城市中建一个人类不可触及的生态绿地，孤岛上的小动物生活安逸、自得其乐，因为没有人去打扰它们，人们无法攀爬这10m高的孤岛。这个在我们视平线之上的孤岛给人们无限的想象空间，人们想知道在岛上生活的动物和植物，人们想知道在该岛上看城市的感觉，人类在城市扩张中不断的蚕食森林绿地，而这件作品正是用逆向的思维方式，让森林绿地重新夺回属于它们的空间。此外，这个大胆的设想也为我们展示了一个现代城市规划的新视角，这个设想也向我们提出了一个问题：是否人类城市发展可以与自然取得平衡？这种平衡

图2.54 “城市中的孤岛”

摄影：安建国

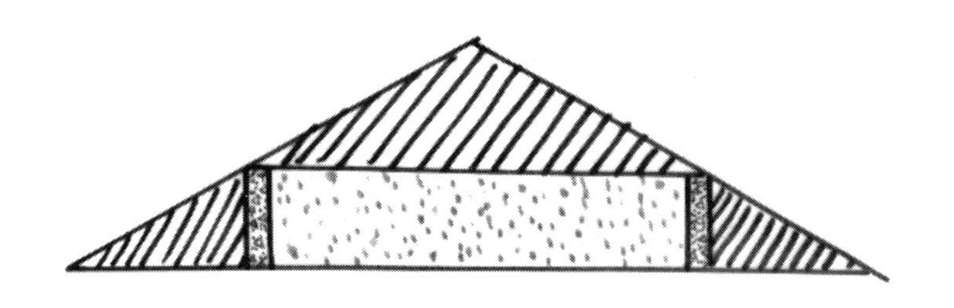

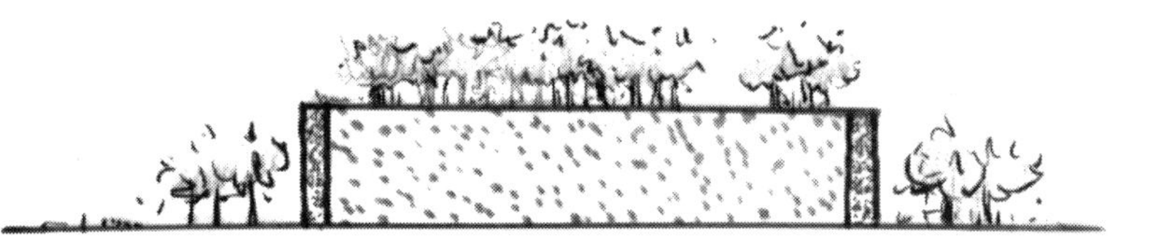

图2.55 孤岛形成剖面示意图

安建国绘制

的方式和尺度是什么?

四是打破传统纪念性雕塑的做法，以更平和的方式纪念城市历史。上文提到在里尔欧洲火车站广场有一个库匝玛（Yayoi Kusama）的“郁金香”雕塑作品已经取消了基座直接落地，人们可以自由的穿梭于作品之间。艺术家有意在作品中接纳人的参与，让人们通过多种感知途径（触觉、嗅觉、听觉……）来开启比视觉认知更加丰富的想象空间。“城市中的孤岛”和“郁金香”交相呼应，令人反思自然与人类的抗衡，理想与现实差异。我们可以在孤岛的立面墙壁上看到拆除的部分城墙的陈砖碎瓦（图2.56）。人们可以在近距离观察和触摸这里曾有过的历史和文化，原有的城墙地基外形仍然保留，被草坪覆盖的地基比地面高出约50cm，如果你细心的观察草坪隆起的外形，则不难察觉锯齿形的城墙外轮廓线。设计师注重该项景观设计宏观与微观的表现，注重不同距离和空间尺度的视觉效果和主题的表现。

景观是一个空间的整体印象，它通过观者对其不同角度的观察和理解确定其身份特征。

自然科学、环境空间（对空间尺度的理解）和艺术（人与空间的感受和沟通）的融会贯通推动了现代景观设计的发展。

2009年4月，在上海举办的“中法景观论坛”上，卡特林·格鲁（Catherine Grout）提出了景观设计的5个主要概念。

（1）接待：从心理学的角度论述空间对人的接纳作用和人对空间的直觉反映。

（2）沟通：从生理学的角度论述肢体与空间的接触和感知关系。

（3）景观理解的多元性：格鲁通过日本声学艺术家SUZUKI Akio的作品在城市空间和景观中的介入使我们通过声音了解空间，对于那些习惯于以视觉传达为主来发现理解景观的人来说，这种方式是非常特别的。

（4）投入和共溶：阐述如何使景观的构成元素融入到人们的精神和肢体的感受中。

（5）过程：现代设计的可持续发展，包括生态的演化过程和文化的发展过程。

格鲁讲到，今天，某些艺术家不再建议重新表现景观，而是注重景观的形成过程和景观的体验过程。因此，他们的贡献在于景观的探索、投入和理解过程，而不是对景观设计模式的研究，现代艺术家的革新方式是“参与景观和景观设计的重新定义”。景观包含着现实的世界和身体感知的启发，这种肢体的体验连接了社会和人类历史、空间和构成这个世界的其他元素，景观设计赋予了空间场所和肢体给予的记忆，景观设计表现着时间意义上的演变成熟过程。

图2.56　在孤岛的立面墙壁上看到拆除的部分城墙的陈砖碎瓦
摄影：安建国

2.5　方法逻辑

空间、时间和文化构成了景观的理性认识，但对一个景观的主观认知（设计者和使用者）是构成完整景观必不可少的组成部分。理性分析过程是对设计场地的一切客观因素的逻辑分析，它包括对设计场地的植物群落（包括耕地）、气候特征、土壤类别、人流规律、公共与私人空间、空间的使用方式、地理特征、人文历史、人口变化、污染调研及交通方式等生态和人居环境条件的总体分析，总结设计场地的不利因素，归纳设计场地的发展潜力。

感性论证是理性分析后的论证（心理、生理、情绪和气氛等）。很多因素会在功能上改变客观事物的面貌，形成很多错觉，这些通过感性所获得的错觉很可能启发和论证景观设计。

卢西写道："地图作为艺术的衍生物，它层积了丰富的信息。地图同时表现着一个地点、一个旅行、一个流连在抽象和具象、疏离与亲和的精神构思中，地图像一个瞬间的旅行、一个凝固的形象。""La carte，et l' art qui en dérive，écrit Lucy Lippard，est en soi fondamentalement une stratification，elle est simultanément un lieu，un voyage et un concept mental；abstrait et figuratif；lointain et intime，les cartes sont comme des instantanés d' un voyage，un arrêt sur image."

法国每小时350 km的高速铁路线分布以巴黎为中心向北部的里尔（Lille）、南部的马赛（Marseille）和西部的勒芒（Le Mont）长线扩展。南北交通的现代化建设不仅是法国本土的需求，也是南北欧交通的需求。提高列车运行速度，缩短旅途时间实际上就是缩短南北距离。图2.57是以火车运行时间为依据而绘制的法国地图，这是以时间来替代距离的虚拟的法国地图，但它又是真实的，由于交通的变化使法国地图改变了距离感。这说明了什么？在对场地进行理性分析时，我们经常忽略不可见的感知分析，忽略感知的真实性。这说明设计师完全可以通过时间对心理的影响来调整景观设计中空间的心理距离及空间错觉，这是时间在三维空间中瞬间的具体表现。除此之外，时间表现出的过程也是景观设计的重要特征，包括生态演化过程和心理感知过程。

景观设计范畴内的生态演化过程是指以土地为依托，包括人类在内的动植物群落在时间意义上的发展演化过程。简单地说，一个景观是变化的，树木在不断地长高、新的植物和动物在不断地加入、季节的变化、地域的变化、人类不间断的参与……所有的这一切都是景观。

景观不是一个设计结果和固定形象，它是不断变化的，这种变化的过程使景观呈现不同的状态和面貌。景观设计是在了解自然规律的前提下对这种动态的景观进行的呵护和调整，而不是主观臆断的为了"满足人类生活的需要"而做的野蛮改造。

景观设计范畴内的心理感知过程是指从心理学和肢体对环境认知的角度来理解构成景观的不确定因素，如：对于海滩的美景来说，可能印象最深刻的是光着脚走在沙滩上的肢体快感，这种通过触觉对环境的认识在某种意义上比视觉更有效。

如果我们发现肢体感官的协作方式和规律，我们将会从根本性上改变对景观的理解，如：高速运行着的火车或汽车常常会引起视觉的愚钝和疲劳，这种由速度引起的视觉疲劳需要其他的感官和联想来替换。因此，我们经常面对着车窗外的风景"走神"。在高速移动中，人们被

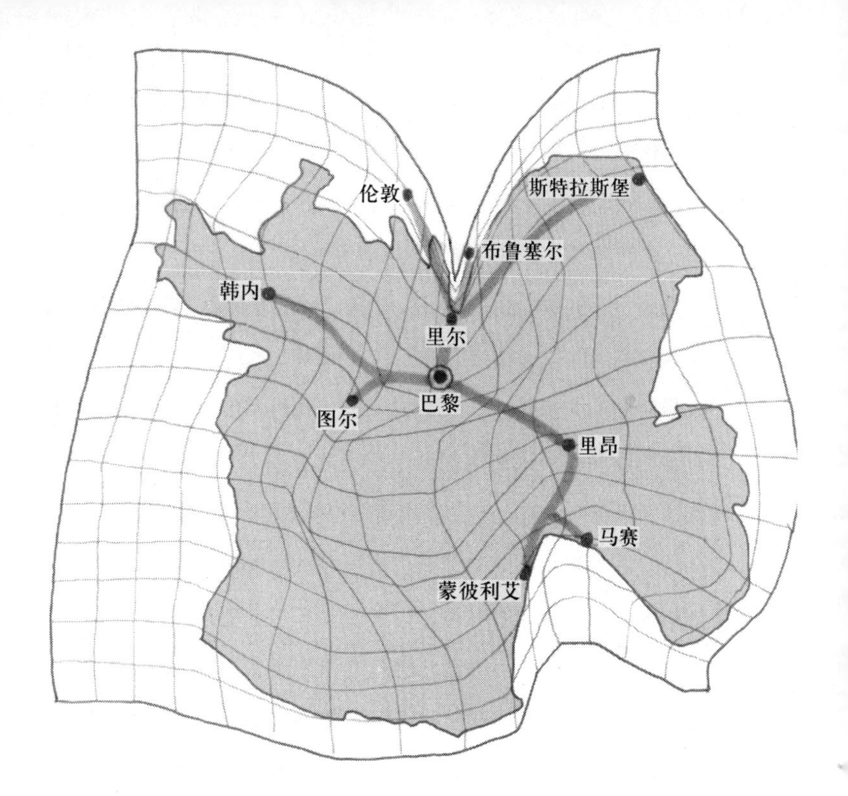

图2.57　以火车运行时间为依据而绘制的法国地图

图片来源：互联网

迫捕捉这个视域的整体气氛，而不是一个具体的细节，这些由感官所获得的启示对景观设计是极为重要的，它重新论证着理性无法表达的那些不确定的内容。

景观设计显现于一切景观构成元素的实践和演变过程之中，景观设计的感性认识是对景观设计的文化再创造，也是使景观设计丰富多变而且更容易被不同人群接受的重要切入点。

2.6 “景观设计表达”课程实践

2007年开始，通过在北京大学景观设计研究院的“景观设计表达”实践课教学与北大师生一起交流探索景观的教学和发展之路。“景观设计表达”课是景观设计学重要的实践课之一。该课不是绘图表现技法课，其基点是训练学生观察和提炼景观要素的能力，拓展其对景观设计潜力的理解，为景观设计收集有力的理性和感性论据。景观设计表达课的中心内容在于景观的再表现，这种再现不是简单的形象和视觉元素的再现，而是通过场地的理性分析（交通、土壤、植物、生物、水文、物候、光、色彩、地貌和地理……）和感性分析（视觉、听觉、嗅觉、味觉和触觉，甚至是第六感）重新表现一个即个性又具共性特征的空间，这种个性是设计师通过其对景观的个体感受理解所表现出的主观性，这种共性是使用者以感觉认知开始、以逻辑理解结束的具有主客观双重性的空间理解。

根据近几年的教学经验，我尝试将“景观设计表达”课程分为3个训练阶段进行。

第一个训练阶段：观察方法的启发训练

在景观中的人有时停下来凝视风景、有时漫步、有时被蛙声吸引、有时被汽车干扰……设计师必须理解景观中人的这些动态感受才能在设计时将自己置身于使用者的角度去理解景观。只有这样，景观才能成为连接使用者、空间和设计师的纽带。

因此，我们采用不同的训练手法来启发学生对环境的感觉，如：学生们可以尝试着画出或用其他材料表现出空间中的声音、光、气味和机制等抽象事物。对于对这些空间中抽象事物的表达使学生在课程初期尽快进入感知的训练状态，学生们在这种艰难的训练过程中无法寻找到标准答案，则开始能动地开创对这些抽象事物的表达手法，有的用绘画的形式，有的用模型雕塑的形式，有的用影像的形式，甚至于用肢体语言表达对空间的理解等。在这一时期教师要对学生的表现手法的有效性进行剖析，鼓励学生探索，组织学生集体解读每一个表达方式，让学生们在点评中互相启发提高。景观包含着使用者本身和使用者对空间特征的反应，往往最让人出乎意料和让人获得心理满足的是那些只有在现场才能体会到的空间元素，如：你的肌肤可以感受到清凉的风，你的触觉可以知道灼热的石头有多少度，你会联想白天的日照方式，你会被水流声吸引驻足，你会注意到你身边的人们如何分享空间……所有的这一切都是真实的景观，而你无法在照片或录像中体会这一切。景观本身最终以真实的使用者的感受为认知基础，并在其中获得一部分重要的设计源泉。

学生们可以边走边画，由于视点的不断移动强迫学生抛弃透视干扰、动态的捕捉空间主要形象和主要感觉。景观专业的风景速写不同于美术学院的风景画，纯艺术的风景画更多表现的是艺术家对于风景的艺术化个人感受和对风景本身的客观视觉描述（抽象的绘画也是通过对客观视觉描述的不断提炼而获得的一种概括）。

艺术家在景观之外描述着景观，景观设计师必须在景观之内描述景观。景观专业的速写表现的不仅是视觉范畴的内容，它表现着景观空间的构成特征，这种描述是一种剖析式的，有论据用途的，与使用者发生紧密关系的，是所有人体感官对景观空间的综合理解。

景观特征的表现手法是多样的，不仅限于透视图，可能平面图对表现区域特征更简捷有效，而剖面图对表现地形的特征会更清楚等，如：我们走过一条街道后，景观设计师可能以平面图的方式标注这条路的阴凉区域和声音的变化，以剖面图的方式表达路面与周边土地的高差关系，以及植物的高度和视觉的开合，以透视图的方式表现景观中的主次形象等，这些描述方法的选择是以空间特征为依据的。

边走边画也可以在夜晚进行，当学生们在昏暗的光线下无法表现景观造型时，他们则下意识地用听觉和触觉来感受和体验景观空间，这种引导可以使学生自己悟到景观自身的多变性和景观理解的多元性。

法无定法，这些训练的目的是让学生亲身体会到除了视觉理解外，很多因素都在改变、影响和构建着景观。更重要的是这些非习惯的观察体验方式极大丰富了学生的想象力和创造力，使学生们更大胆地去接近景观，那些似乎个性，但又极具共性的感受是景观设计不可缺少的设计依据。

第二个训练阶段：场地信息的捕捉和感知

鼓励学生突破传统的设计分析套路，以其置身于场地之中的特殊体验去选择所要分析的内容，场地给设计师的内容是最直接的。如果细心的研究，学生会发现其捕捉和领会的景观内容是有先后次序的，这种近似于下意识的不经意的信息往往是最真实的，也是设计最重要的部分之一。

对于场地的分析是非常具体的，而且有明显的场地自身特征。在随后的北京大学研究生作业案例（校园和平山村）中引导学生用现场的感知整理场地调研材料的主次关系，如：在场地感受中学生记录到“刚到平山村就有一种拥挤压抑感”。学生经常忽略对这种最初感觉的深入研究。事实上，这种“最初的感觉”提示了最重要的研究方向和具体内容，学生们接下来需要做的就是探究这种感觉的来源，如：楼房间距过小，密度过高，居住人口密度过大，活动空间有限，儿童没有足够的空间活动，噪声过大，垃圾清理不够有效等。这些感觉的来源揭示了下一步研究的主要具体内容，学生们将用理性知识主动的研究场地性格，然后把这些信息结合感性认知深入前行，景观设计的内容就在前行的途中。

面对场地，学生们起初经常有手足无措之感，为了寻找一条有效的出路，学生们经常模仿“设计程序案例”，这些设计程序有时在启发着学生，但更多是扼杀学生的创造力，学生在按照“设计程序”完成各项调研内容后，却没有发现场地最敏感的东西和线索，于是“分析”只是为了分析，没有起到给后期设计归拢线索的作用，学生无法深入设计也就不足为奇了。

学生在第二阶段的场地信息捕捉是非常自由和个性化的，学生应该理解场地的不同不仅是分析数据上的不同，更是分析方法上的差异，而这种方法对于每一个设计都有所区别。设计方法是设计师与场地交流对话的结果，设计方法本身就是设计的一部分，方式方法的研究直接影响着整个设计过程和结果。

学生们经常在没有细心地现场感受和严谨地理性分析情况下，即兴地提出设计想法，而且把这种直觉的设计意象作为“设计灵感”。这既不是灵感也不是经验丰富的表现，而是缺少正规严谨的专业训练过程所致。我们需要“景观设计表达”课来理顺设计思路，让学生理解感性认识由个性到共性、由抽象到具体的转化过程。景观设计师通过对使用者的多种调研来完成个性感受到共性感受的归纳，通过感性的来源分析使感知具体化。

在“景观设计表达”课程中就是要学生关注感性研究的特殊性，必须强调的是这种感性研究不是单纯的直觉！这些场地的感性理解直接或间接地引导着理性分析，并通过使用者和空间本身获得论证，这种经过论证研究的感性理解是科学的，从感性中提炼理性、从理性中论证感性是这一阶段的训练重点和难点。

第三个训练阶段：学生对场地提出问题、分析问题和解决问题的思路归纳训练

这个阶段有景观设计过程的全部特征，但不是完全意义上的景观设计，即：以点的形式映射全局，避免学生迷失在宏观尺度的把控上而忽略人的活动适度。学生只需要针对场地中一个最感兴趣的地方（也许很小）提出一个想解决的问题，针对这个问题再次从感性到理性分析场地的利弊因素，这是一个思路归纳的过程。面对场地众多有利与不利因素的分析，学生需要多次回到场地重新论证某些已经做过的理性和感性的分析，这一重新论证的过程是在个性体验中提炼共性特征的重要阶段，也是具体设计的有利论据。

针对一个具体设计主题的训练思路：

（1）初次感知

第一步：个性化感知（第一印象，最初体验）。

第二步：空间理性论证（寻找第一印象的来源，反复体验），整理出场地元素的主次关系。

（2）理性分析

第三步：使用者的体验（通过社会调研，评估设计师个人感受中的共性部分）。

第四步：提炼感知的共性部分——设计师与使用者的感知对照分析。

设计师：发现空间的新鲜感觉——经常将抽象感觉提升为设计意象。

使用者：更多从功能性角度考虑——经常反映出设计方向。

第五步：提出问题（共性+个性）。

个性体现的是设计师的敏感性，共性体现出的是社会的需求性。

（3）再次感知

第六步：分析问题（重新回到最初的体验，并更深入地进行场地分析）。

（4）理性深入

第七步：解决问题（对最初的体验的求证）。

第八步：设计细节和技术。

附录1

“景观设计表达”课后随感

——北京大学2009级景观设计研究院研究生

（许云飞，牟春旭、杨秋惠）

一、课程前的思索与畅想

在2009年暑假即将结束，研究生一年级的课程将要开始之时，我们收到了安老师关于“景观设计表达”课程的教学计划。阅读过后，心里有些希冀，又有些恍惚。虽然提前了解了课程安排，能够让我们有时间做准备，但也让我们有些紧张。因为不知道即将到来的第一堂课会是怎样，而安老师又是怎样。

——关于几个问题

在教学计划里，安老师让我们在课前思考并回答了4个问题，分别是：

1. 你理解的景观设计是什么？为什么？

2. 绿化设计，生态设计和景观设计的区别是什么？

3. 你对景观设计的疑问是什么？（如果有的话）

4. 景观设计表达课不仅是对表现技法的训练，更重要的是对景观要素的捕捉和再表现的训练。思考一下你要捕捉的景观要素将是什么？再次表现的又是什么（主观与客观）？这个问题不必立即回答，但结课后结合你的设计回答（1 000 ~ 2 000字）。

这些都是基本问题，但往往这种问题容易让人绞尽脑汁。因为它们看似基本，却需要你拥有广泛的理解力、敏锐的洞察力和独立的判断力。带着各自不同的本科背景，带着对于景观设计的不同理解，我们思索着这些概念、观点、认知，给出了自己的答案。这也更让我们知道，即将到来的课程不是动动手就行的，而是要动脑子，用心去思考。

——关于这门课

“景观设计表达”课程作为景观设计学的一门基础课程会是怎样一门课呢？虽然从教学计划里可以看出，它不会是一门简单的绘图技巧培训课，但是要表达什么，怎么表达，对于我们还是一个悬疑。而且在短暂的时间里怎样有效地进行训练表达，也是一处疑问。总之，我们既期待这门课的新鲜活跃，又期望它殷实厚重，让我们学有所得。

——关于每天50张速写

课程进行中，安老师让我们每天画50张速写。刚听到这个消息，就在想，哦，这简直不太可能。

起初，不管晨昏，不管饭前饭后，在校园的每个角落，都有班里的同学在太阳下、在树荫下、在大沙河边、在镜湖边、在教学区和在宿舍区手持画笔在写生。因为有些专业背景的影响，总是摆脱不了“比例、透视是否准确”这样的干扰，所以，不但完不成数量，质量也相对较低。因为我们被简单的形象和视觉感知所束缚，完全不知道该用什么方法去表达其他的感知。晚风是什么样子的，晨光是什么样子的，蛙声是什么样子的……这一切都充斥着头脑，却得不到答案。

当我们知道，哦，场地里有如此多的事物可以给予使用者如此多的感受时，既欣喜又沮丧，欣喜的是我们终于可以以使用者的角度真正地去理解场地了，我们大胆地走向了景观；沮丧的是场地给了我们这么多信息，我们又变得手足无措了。怎样进行理性的筛选，抓住主要矛盾，再次表现它，进而为设计提供线索，这一步比较难。但是经过有效地训练，比如每天50张的速写（虽然我们从没有完成过任务），总是会慢慢进步的。最主要的是，我们既表达了自己，又表达了客观事实，这样双重的结合，构建了一座通向人性化的景观之路。

二、课程间的挣扎与思考

在进行这门课的时候，总会令人想起一部意大利的电影，叫做“听见天堂”。剧中的唐老师曾这样劝慰盲童小主角米克：“我也能看见，这远远不够，当你看到一朵花，你不想去闻闻它的味道吗？下雪时，你不想走在雪上吗？捧着它，看着它在你的手中融化。告诉你一个秘密，我注意到音乐家在弹奏时，他们会把眼睛闭上，为什么？这样可以感受更强烈的音乐，音符会蜕变，变得更有力量，音乐仿佛变成具体的触觉。你有5个感官，为什么只用一个呢？”是啊，我们有5种感官，为什么只用一个呢？当我们打开所有的接触世界的通道，让心灵自由，是会发现多少惊喜呢？

剧中两个小男孩坐在树上谈论颜色的片段也令人印象深刻。

菲利契：喂，米可，你看得见么？

米可：当然啊，你什么时候看不见的？

菲利契：从出生就这样了，颜色是什么样子？

米可：棒极了！

菲利契：你最喜欢什么颜色？

米可：蓝色。

菲利契：蓝色像什么？

米可：像是骑脚踏车时风吹在你的脸上的感觉，或是……像海。还有棕色，摸摸看，棕色像这树干，很粗糙吧？

菲利契：是很粗糙，那……红色呢？

米可：红色像火一样，像是太阳下山的天空。

这是多么敏锐的观察和感知，不因丧失了视觉而逊色，相比正常人却是更加地绚烂而真切。

在进行这门课时，我们通过图形、图画、色彩、文字等来表达眼前的触动自己的一切事物。它不是简简单单地写实，也不是规规矩矩地透视。它是以感性认知开始，经过对场地的主观和客观的分析，对空间进行再表现，以逻辑理解结束的过程。它既表现了个性又表达了共性。但是怎样才能知道要表达什么以及怎么去表达，唯一的路就是：不断地深入场地，放松自己所有的感官，去观察，去思考，将感性感知与理性分析交相融会，表达你所理解的场地。

——关于发现与创作的过程

整个设计表达课程中，老师始终致力于引导学生亲身体会场地发现与创作的过程。这个过程是景观设计的基础，并直接决定着设计者进行设计的角度与切入点。以下将整个发现与创作的过程分为5个阶段，并结合深圳市大沙河中大学城一段的场地设计进行详细描述。

1. 场地观察

场地观察是进行景观设计的第一步。在这个阶段，设计师最初接触场地，直接感受到场地上的各种要素和特征。这时，采用一种先感性再理性的观察场地的方法，往往能够帮助设计师有效地梳理并把握场地的各种要素与特征。在大沙河场地的设计表达实践中，依次使用五官感知法、动态记录法和观察使用痕迹的方法，完成对整个场地的观察过程。

2. 对场地信息的捕捉

对场地信息的捕捉是对场地景观要素进行再表达的过程。对这个过程的学习是“景观设计表达”课程的重点部分，同时也是难点部分。因为在这个阶段，设计者往往容易步入传统的设计分析套路。但是从另一个角度思考，如果设计者能够细心地观察场地信息，又往往能够突破传统，发现亮点，实现创新。

（1）应用五官感知的方法

所谓五官感知就是综合运用视觉、听觉、嗅觉、味觉和触觉5种感官系统，观察场地中正在发生的信息。如：在大沙河边，观察者通过听觉观察到水流的声音。如果再进一步观察，他又会发现在距离水岸3 m的范围之内，才能够较清晰地听到水流的声音，3 m之外就很难听到了。如果设计师对观察到的现象做进一步的思考，这种观察到的现象就会成为设计的依据，如：将休息座椅摆放在距离水岸3 m的范围内，这样使得在河边休息的人们能够更好的欣赏水声。

在夏季的傍晚，人们常常会被河流边沙洲上的蛙声吸引。当人们躺在河边的草坡上时，不仅感到全身放松，还可以嗅到草和泥土的清香。这时，人们会用肌肤下意识的触摸草坪。而靠近路边躺坐在河堤草坪上休息的人们又偶尔会被路上的汽车所干扰（图2.58）。

对五官感知影响的利弊，决定了人们活动的范围。如：人们选择躺下的地方不会想离道路太近，一般选择在距离河边3 ~ 4 m的区域，又可以感受水声、河流和草坪，又不易受到汽车的影响。

（2）动态记录与五官感知相结合

动态记录就是指观察者在场地中行走时，一边走一边记录的观察方法。观察者可以在动态的观察中感受视景的变化和各景观要素出现的层次。各景观要素在视觉上的层次感与观察者的通行速度有关。不同的动态速度可以带来对景观不同的感知。如：在对一排树的观察过程中，随着观察者视角的变化，他可能先感受到一棵树，随后感知到一排树，在随后又感受到一面树。因此，动态记录是观察者对事物再体验、再认知的过程。

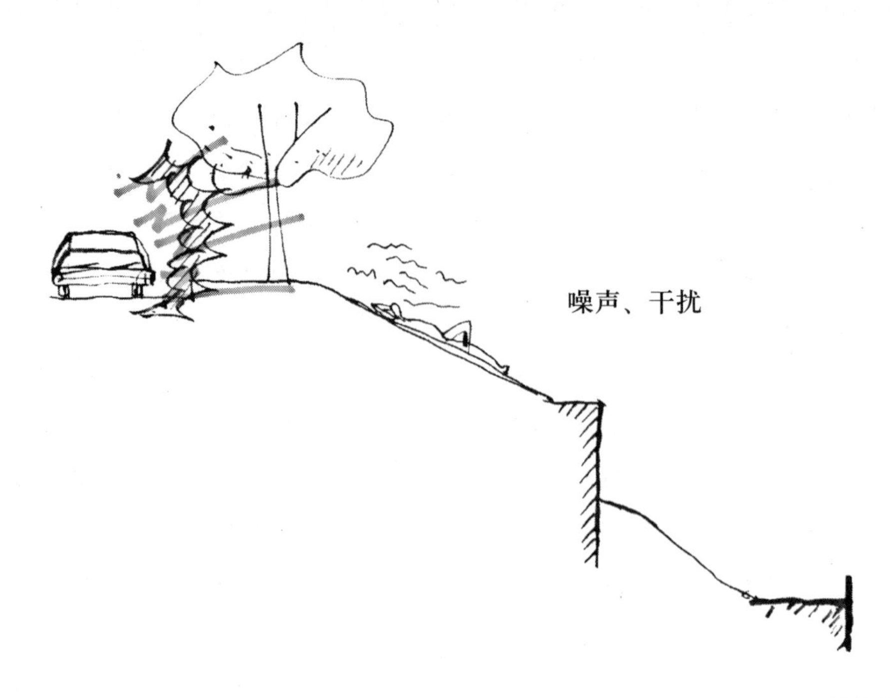

图2.58　汽车对场地的干扰

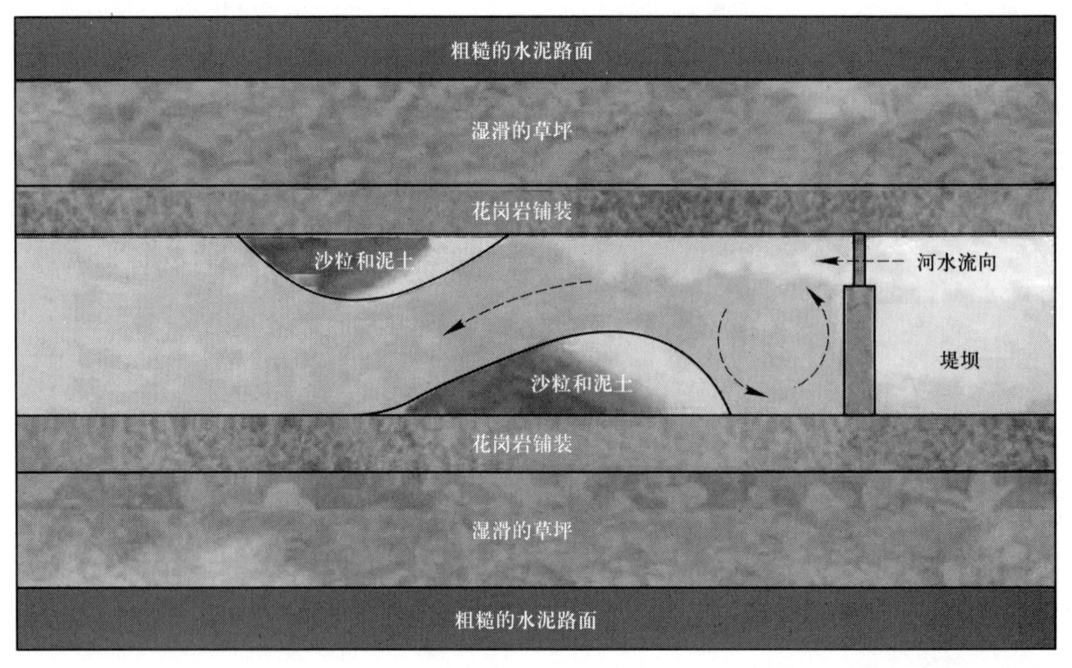

图2.59　赤脚行走的感受

动态记录的方法结合五官的感知可以帮助观察者更全面的理解场地。如果观察者从河堤的道路上赤脚走向河道时，他可以依次记录出以下感受：粗糙的水泥路面、湿软的草坪、晒的发烫的花岗岩铺装、柔软的沙粒和泥土……这无疑使观察者通过脚下的肌肤更加关注地面质感的变化（图2.59）。这种对地面质感的体验也直接成为设计人们活动场地的依据，即有着湿软草坪覆盖的缓坡和有着柔软的沙粒和泥土的沙洲，都可以成为人们活动或停留的理想空间。

（3）观察场地的使用痕迹

对场地上使用痕迹的观察可以较为全面准确地获取使用者对场地现状的使用情况。一块场地在进行设计之前，往往已经有了人们活动的参与。正是因为这种活动和参与，形成了某些场地特征。如：在河岸两边的草坡上覆盖着均质湿软的草坪，没有设计通向河岸的道路。经过草坪的人们为了便捷地到达河岸，自发地踩出了一条通向河岸的路径。这条路径正是人们使用场地留下的痕迹，成为这块场地的特征。这些场地特征经过设计师的思考和创作，往往成为影响设计的依据。有了这样的观察和认识，设计师可以沿着这些人们自发踩出来的路径，设计一条条连接不同场地和活动空间的步行路径。这样的路径一定是最便捷、最符合人们使用需求的设计成果。

3. 提出问题

设计者对场地信息的捕捉往往决定设计者是如何认识和看待现有场地的。在这个基础上，设计者根据自身的兴趣点提出场地某一个或者某几个问题。如：通过对大沙河场地信息的捕捉，笔者提出两个场地现状有待解决的问题，分别是大沙河两岸的连通程度差和两岸缺少供人们停留的空间。

4. 分析问题

在这个阶段中，设计者从场地观察者转变为场地分析者。他将在场地观察阶段中对场地的感性理解转变为理性分析的同时，这种分析又可以通过场地使用者和空间本身进行验证。以下针对于大沙河场地提出的两个问题分别进行分析。

（1）场地通行程度分析

通过直观的感受，设计师很容易发现在校园内长700多m的河段上缺少一个过河通道，这成为影响场地通行程度的最大障碍。经过对校园里的师生访谈得知，他们不得不每天绕行1.5km，往返于宿舍区与体育馆之间。另有部分学生经常选择冒险从河道中间的截水坝上通过，以节省绕行过河的路程。大家都盼望能够在这700多m长的河道之间设计一条步行过河通道（图2.60）。

当人们从路边穿过草坡走到河岸边时，突然草坡与河道之间会被一条5m宽的散步道隔开。这条散步道全部使用单调的花岗岩铺装而成。通过连续3天对沿河散步者的观察发现，3天内从没有出现3个人并排在这条散步道上通行的情况，而两个人并排行走使用的道路宽度也仅有1.6m而已。显然，这条5m宽的步行道既没有创造出舒适的步行空间，又成为空间和材料使用上的浪费。

（2）场地驻留程度分析

细致的场地观察与分析不仅能够帮助设计师发现场地潜在的问题，而且能够帮助他理解并挖掘场地的空间特质。上文提到的在对场地信息的捕捉中，设计者发现场地现有的唯一一处供使用者停留的空间常常受到旁边机动车尾气与噪声的干扰。

而场地上自然形成的两处富有场地特色的空间节点，是场地使用者最喜欢停留的地方。一处是在渠化的河道中，河水沿河岸沉积形成的沙洲。河水中的泥沙沿水流方向在重力作用下依次按照粗沙粒、细沙粒和淤泥的顺序不断沉积。其中，由粗沙粒堆积的区域形成较稳固的沙洲，也成为使用者可以驻足和游憩的潜在空间（图2.61）。另一处在河岸草坡中挡土墙上端的草坪空间。这里三面由乔木围合而成，面向河道的一面由挡土墙限定空间边界，视景开阔，绿荫环绕并伴有微风，亦是使用者驻足停留的潜在空间（图2.62）。

5. 解决问题

解决问题是景观设计表达的最后一步。通过对场地信息的细致观察和对场地问题的系统分析之后，设计者形成了对场地的独特理解与思考，进而用景观设计的方法提出一个即具个性又具共性的场地优化设计方案。以深圳大学城大沙河景观设计表达为例，设计者针对场地上联通程度差和缺

图2.60　场地区位分析

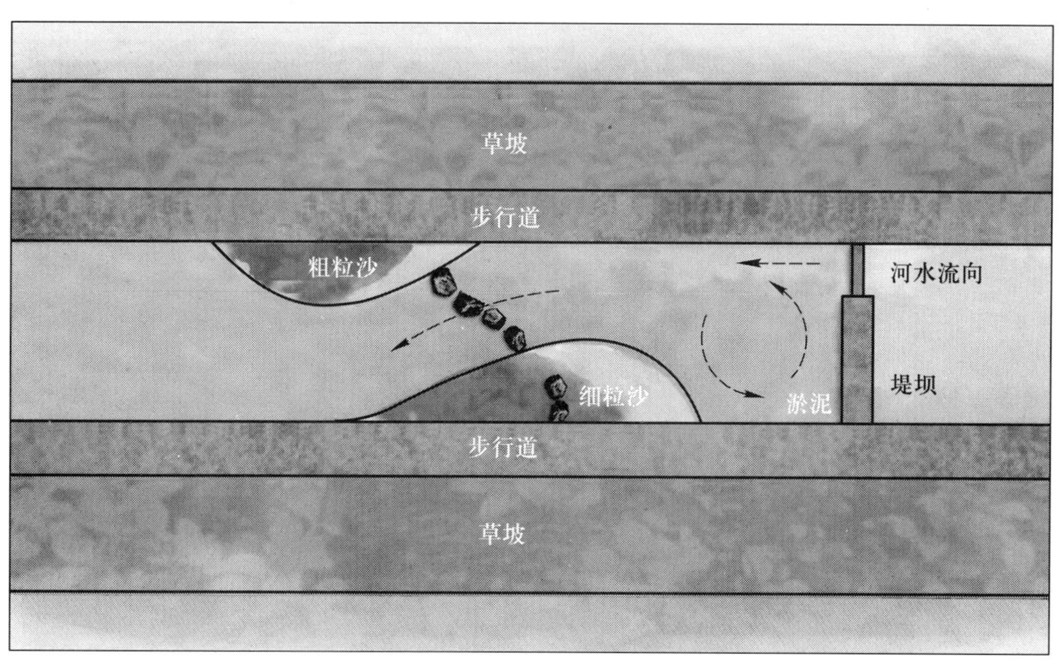

图2.61　沙洲的形成过程分析

少停留空间的问题，提出了一系列场地优化方案：

（1）过河通道设计

这是整个设计中最重要的部分。它必须首先解决人们使用场地时最为迫切的需求——便捷的往返于河岸两侧。其次，过河通道的设计应尽可能与河道景观融为一体，同时又尽可能的节约成本。

通过对河水流动带动沙洲变化这一自然规律的观察，设想过河通道的设计能否依据自然的改变而自我调整呢？答案是肯定的。设计采用一组体量较大的近方形石块，在两个稳定的沙洲之间呈“S”线型排列，联通河岸两侧。这样，过河通过便由自然形成的沙洲和一系列可以移动的石块两个部分构成。随着河水中的泥沙不断沉积，沙洲的形状和位置随时间呈动态变化，由大型自然石块组成的过河通道亦可以随之而变动位置和间距，始终起到步行过河通道的功能（图2.63）。

当洪水到来时，河水淹没堤坝，沙洲和原来设计的过河汀步被洪水冲走，在河流下游的河滩搁浅（图2.64）。洪水退去后，河水中的泥沙在新的位置重新沉积成沙洲。被洪水冲走的汀步可以在新形成的沙洲的位置摆放成新的过河通道。整个过河通道的设计在巧妙的借助现有沙洲的同时，选取可移动的石块呼应河水流动所带来的不断的变化，使过河通道可以根据自然规律的变化进行自我调整。

在通道设计过程中，设计者对比通过桥梁两种设计思路时发现，大沙河过河通道设计在基本功能需求是让人们轻松快捷的到达河流对岸。通道的设计思路在满足人们过河这一基本需求的同时，能够更多的节约成本，更多的考虑自然条件，因地制宜，适形造型。

（2）场地停留空间设计

根据上一阶段的场地分析，将场地上自然形成的两处极富场地特色的空间设计成为使用者停留和休憩的理想场所。其中一处在河道中自然形成的沙洲的粗沙区域，设计自由摆放的大型自然石块，供使用者停留时玩耍与休憩。另一处在河岸草坡挡土场上端的林下空间，设计摆放两组石质桌椅，供使用者停留休息（图2.65）。

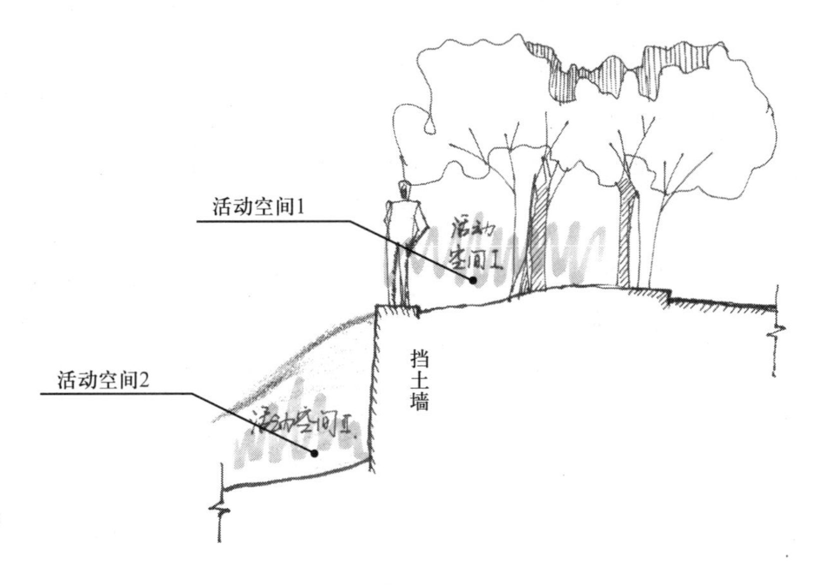

图2.62　挡土墙上的林下空间

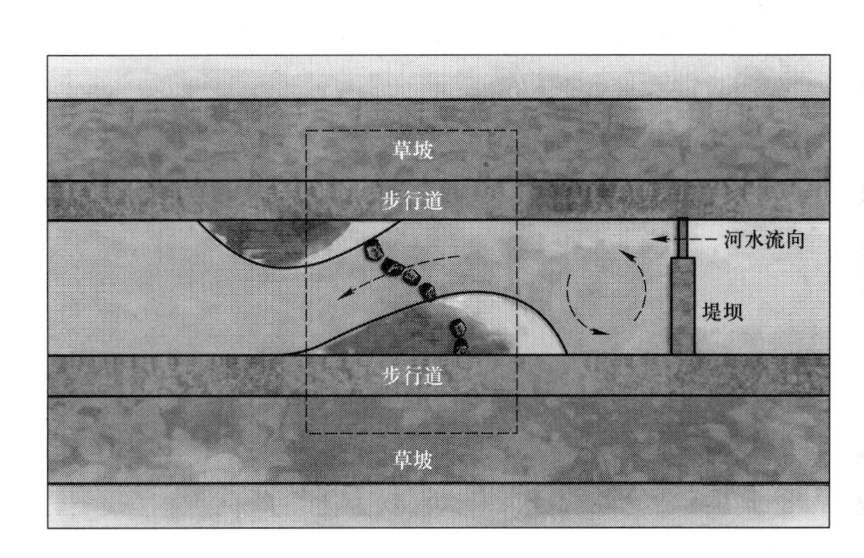

图2.63　过河通道设计

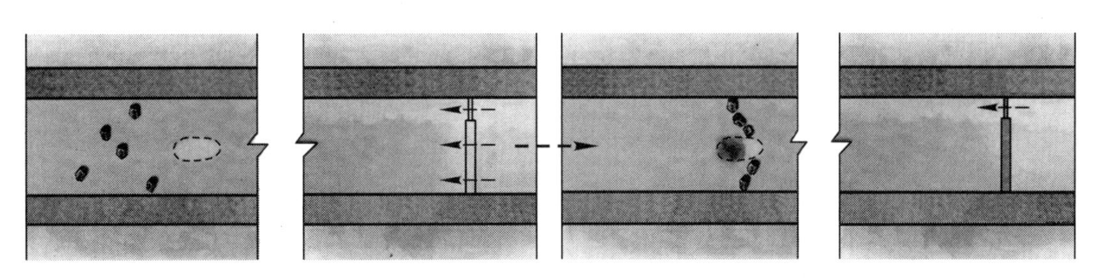

图2.64　洪水到来时，冲走了汀步与沙洲；洪水过后，新的过河通道

（3）材料重组与再利用

将河道边散步道上大面积均质的花岗岩铺装进行空间重组和再利用。一部分铺装在垂直方向上聚集起来，在限定局部小空间的同时，形成具有一定高度和层次变化的休息座椅，为人们滨河游憩与驻足提供灵活多变的限定空间（图2.66和图2.67）。

（4）消减机动车尾气与噪声

在场地原有的邻近机动车道摆放的休息座椅背后种植密闭程度较高的灌木丛，用以消减机动车的尾气和噪声对座椅使用者的干扰（图2.68）。

（5）草坡通道设计

通过对河岸草坡上人们的使用痕迹的观察，沿着人们自发踩出的小路铺设脚踏石板，引导人们沿着石板行走。随着时间的推移，石板四周的草坪会逐渐茂盛的生长起来（图2.69）。

三、课程后的回味与感怀

——关于景观设计

课程结束至今，对于上课时的快乐与辛苦还是记忆犹新。但影响最深的还是对于景观设计的理解。

景观设计既可以宏观地关心国土、关心区域，也可以细致入微地体味人情、体味生活，所以在做景观设计时，不但要有逻辑思维的理性，也要有抽象思维的感性。对一个场地的观察可以主观感性，充满个性，但不要忘记重拾理性，尊重客观，在收集信息的基础上筛选信息，不断地提出问题、分析问题，直至提出多解的解决方案。

——关于自己

我们或许并不能成为景观设计师，但我们懂得了什么是好的景观、好的设计、好的设计师。我们或许在坚定梦想的途中曲曲折折，但我们懂得了用心去感受生活。

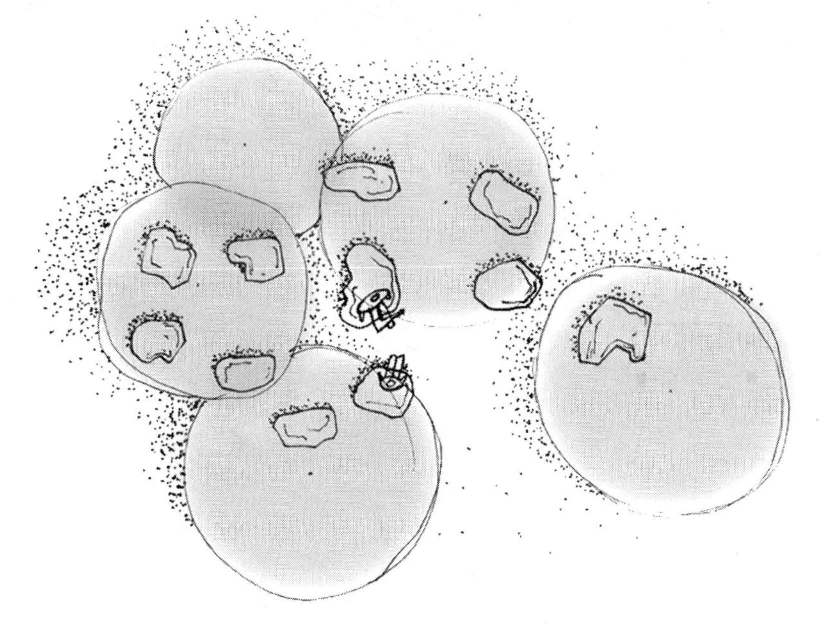

图2.65　脚踏石介入林下空间的意向

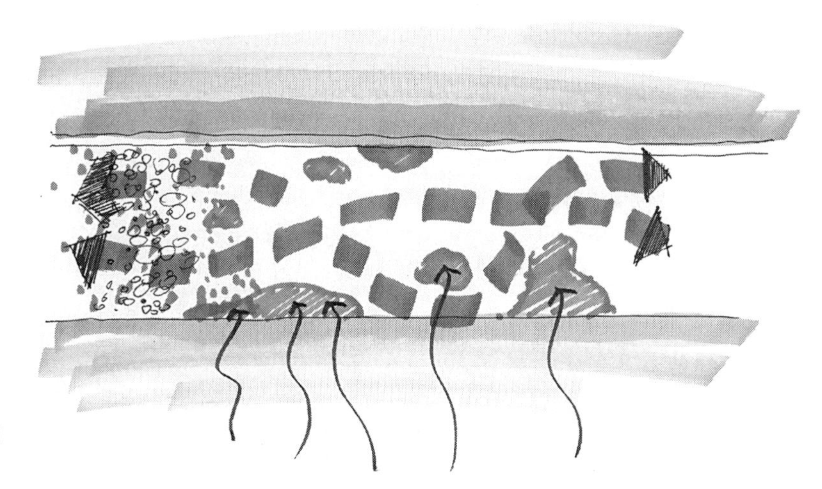

图2.66　花岗岩铺装的再利用平面图

图2.67　花岗岩铺装的再利用剖面图

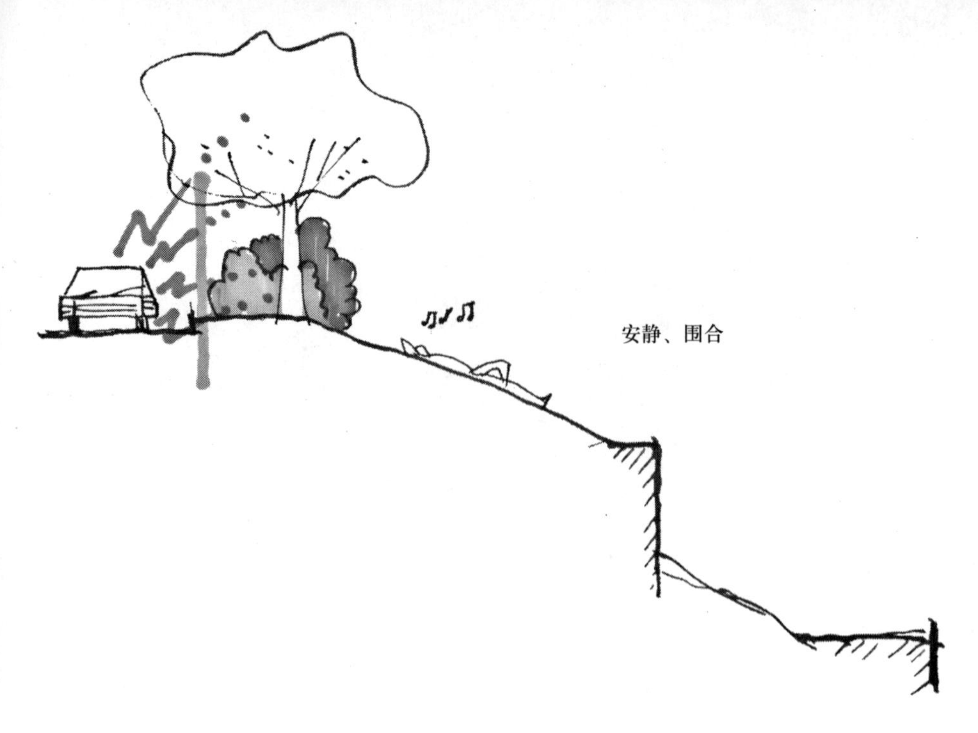

图2.68 消减机动车干扰的策略

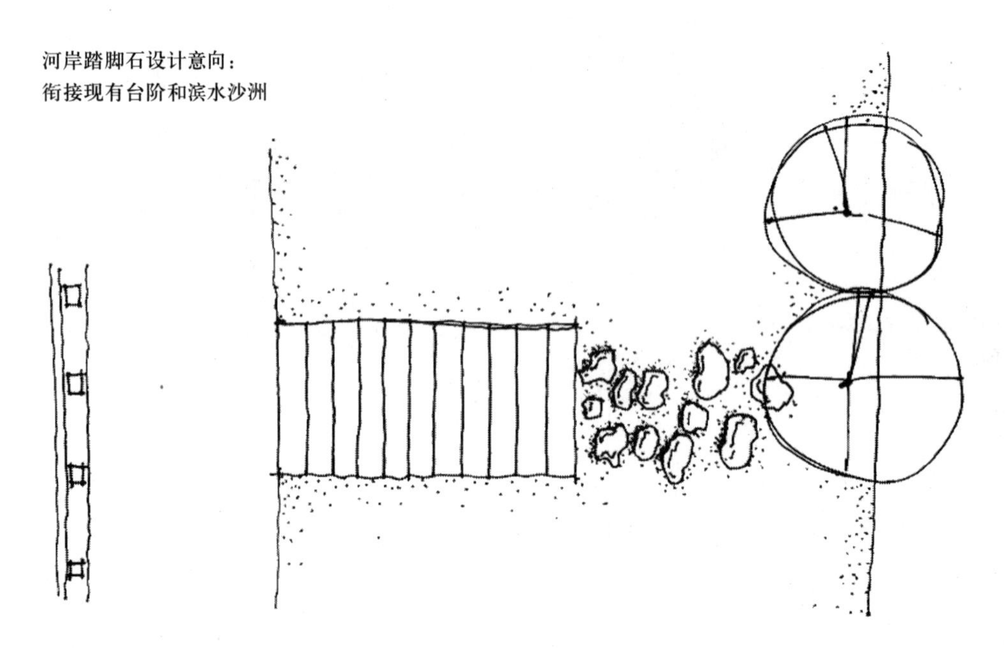

图2.69 草坡通道设计策略

附录2

让感知引领设计——平山村改造设计过程

——北京大学2009级景观设计研究院研究生（杨晓东，王丁冉，杨正）作业

通过这次平山村改造方案，我们得以系统地演练从感性认知入手的景观设计方法，深入理解感知—分析—再感知—提出问题—解决问题的设计流程。

一、初步感知阶段

这一阶段可分为设计者的直观感知与客观考察两部分。前者是对场地意象的发掘，后者则是考察意象来源。

（1）直观感知——捕捉意象

任何场地都有其独特的意象。设计者凭借自己的感知能力与场地所带来的新鲜感，可以获取某一场地给人的第一印象。这一印象亦在场地设计中扮演着最为重要的先导角色，并作为以下每一设计步骤的回归点贯穿于设计始末。

在走访平山村之后，我们得到了3个最为重要的关键词：密集、压抑、疏离（图2.70—图2.72）。尽管在我们的感知过程中间会有在眼前跃过的阳光、在耳畔掠过的音乐以及空间对来访者的接纳感，但我们得到最为明显的却是灰色的视觉、听觉以及触觉信息。

与此同时，当我们得到这3个主要印象后，我们也反过来思考那些在灰色背景中浮现出来的亮点意象：疏朗、开场、融合。这一些看似与总体意象相悖的特征是不应予以忽视的。一方面它会从反面印证我们的感知，而更为重要的一点是它会为我们的设计提供一些积极的线索，使感知不仅仅成为问题的发现过程与设计语言的提炼来源。

图2.70　密集

图2.71　压抑

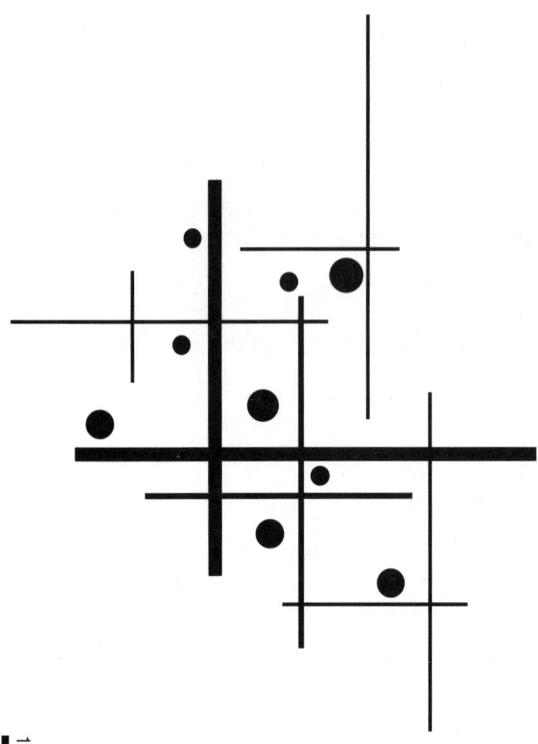

图2.72　疏离

（2）客观考察——意象来源的发现

这一步是设计者对场地环境的一个初步的客观审视，即发现感知意象的来源。对场地的感知绝不是主观臆断，我们应该具有敏锐的主观发觉能力，同时具有冷静的客观观察能力。前文提到的平山村的3个主要意象在我们回到场地进行客观考察时，都能够一一发现其客观来源：①拥挤、密集，原因是建筑以见缝插针之势恣意蔓延的无序建设；②阴暗、压抑的原因是高密度建筑间那狭窄的“一线天”给予我们的冲击；③疏离、冷漠是源于公共空间的缺乏所导致的交流缺失，尽管抬头不见低头见，村民之间却互不交往、互不了解（图2.73—图2.75）。

而与之相反的亮点意向则来源于平山公园。公园开敞的空间为村民们提供了交往和活动的舞台，而人们的活动改变了这一区域的空间特征并使之具有了色彩。

通过这一步工作，我们将关注点聚焦于了以下两组关键词：

① 密集、压抑、疏离、一线天。

② 公共空间、人群交往。

这两组关键词分别代表了我们对场地的认知与反思结果。前者是基于对场地的整体感知而提出来的，既是感知结果也是场地设计的意向来源。后者则是基于对场地中的局部感知而提出来的，是我们进行改造设计的工作意向。而这一切的提出，还是源于设计者的感知与分析，而真正的场地设计是需要使用者参与到设计过程中的。因此我们进入到下一步工作——通过与使用者的对话进行场地理性分析。

二、理性分析阶段

这一步的主要任务是将设计者在第一步获得的感知意向与村民的认知相比较，通过这一比较的共性个性分析，来印证前期的场地认知结果，并在此过程中提炼出我们的设计母词。

每一位村民都是场地的使用者，是最具资格的评判者。通过走访、调

图2.73　高密度的建筑

图2.74　一线天

图2.75　冷漠与隔离

查，了解不同职业、不同背景村民的生活轨迹，总结他们对场地的生活感受，寻找村民与我们感知上的共性与不同是这一阶段的主要工作方法。我们调查了来自4类居住群体的共10位居民（包括打工者、打工者配偶、老人、小孩），记录了他们的生活轨迹（图2.76）。

虽然他们的生活轨迹有着较大的差异，但是在谈话中，我们依旧寻找出了一些关于居民及其对环境的感受的重要信息。

首先，大部分居民都是属于外来人员，流动性较大。对场地没有多大的关心，基本上是抱着一种漠然的态度。其次，虽然对场地缺乏认同感，但仍然流露出了对于提高空间质量与社会交往的期盼，至少对此是报以积极的态度。最后，对于调查者感受颇深的各类空间特征（诸如压抑、一线天等），居民都没有什么特殊感受。

至此，我们就可以对设计者与使用者的感知结果进行对比。可以发现建筑密度过高、缺乏公共空间、没有归属感，这些认知是属于共性部分，而且都是基于对场地的客观理性观察而来的。其中公共空间缺乏与高密度建筑、没有归属感是一个一体两面的问题表述，从中我们可以总结出平山村现在亟待解决的问题焦点——公共空间。这一焦点将成为后续设计的指向中心。

另外，我们同时也看到诸如“一线天”这样的关键词则是属于设计者的个性感受。那是否就意味着这个关键词的提出是无意义的呢？答案是否定的。这正是通过设计者的感知能力而发掘出的设计母词，这一母词将为我们的设计提供极为重要的设计灵感，成为我们的设计语言；而且其来源是场地本身，并非凭空而来，从而能使我们的设计更好地与场地相契合（图2.77）。

三、场地再感知与再分析——设计工作的深入明晰

经过感性理解与理性分析的结合之后，我们提出了设计的关注点与设计母词，那么如何让这两点得以落实，这就需要我们再回归场地，去发现更多的细节。在这一部分的工作中，不同于前期将主观感知与客观分析分别进行再加以比较的方法，我们将会随着设计的推进，在整个过程中的每一点上都运

6:00
8:00
12:00
18:00
20:00
22:00
24:00
打工者
家属
老人
儿童

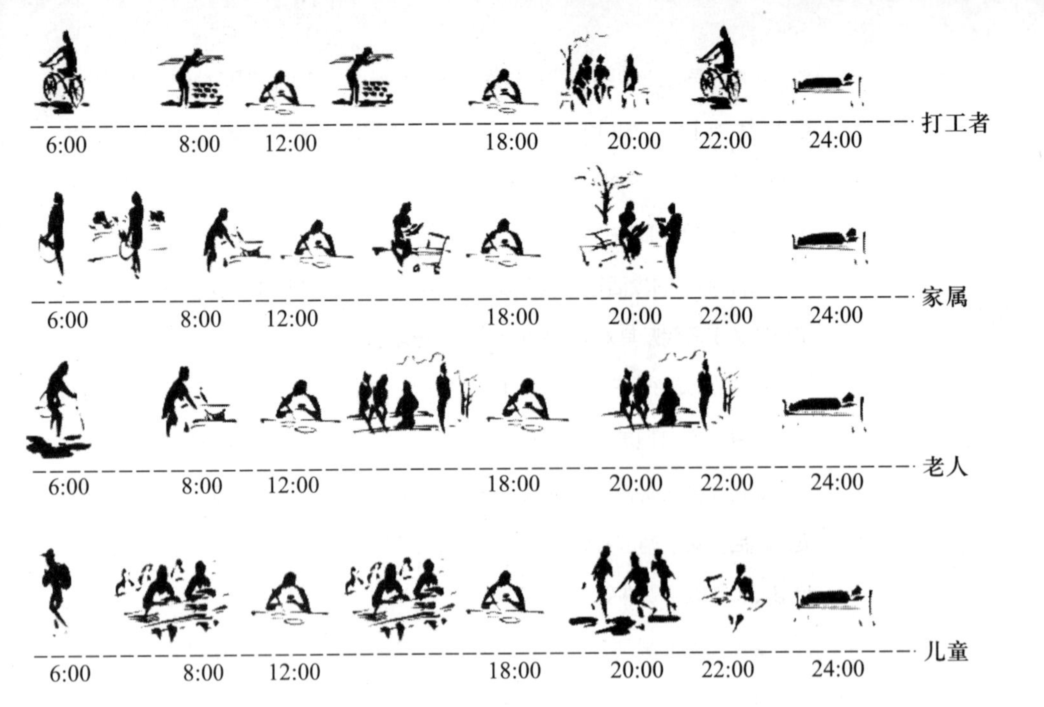

图2.76　4类居民的生活轨迹

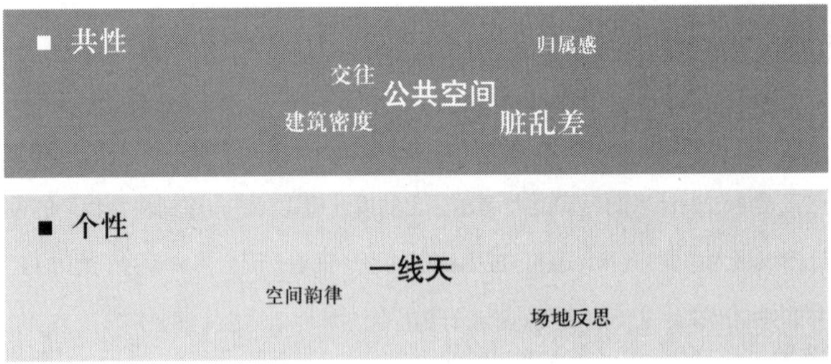

共性
归属感
交往
公共空间
建筑密度
脏乱差
个性
一线天
空间韵律
场地反思

图2.77　比较分析——得出问题焦点与设计母词

用“感知—分析—解决”的思考模式，将感知与分析结合得更加紧密。这也是这一部分工作的特点使然——不仅是对整体信息的归纳，更是一个系统的解决过程。

（1）公共空间的构建方式

在前期的分析中，我们抛出了“公共空间”这一设计焦点。那么如何来构建公共空间，是系统的拆除重构还是利用现有开放空间进行建设？这需要我们重新回到场地进行感知分析。

在平山村考察时，我们的压抑感在穿越北部的大片密集居住区域时表现得最为强烈（图2.78）。那我们希望达到的目的便有两个：其一，缩短这一段的心理穿越距离；其二，减缓穿越这一区域时的心理压抑。

那么如何来达到这两个目的，答案仍然在场地之中。当行走在平山公园及其附近区域时，我们发现压抑感顿时减缓。原因在于这片区域有着一片开放空间——平山公园。那么问题的一种解决方案变清晰起来：我们可以在居住区域也构建一些相类似的公共开放空间。结合居住区域内现有的开敞空间分布，我们选中了图2.79所示的A区域来作为公共空间的构建基础。

（2）场地的特征感知——提出问题与设计方向

① 天空的韵律——竖向结构的要求

该地块位于平山村的居住区域中心，是平山村中极为可贵的具有一定面积的开敞区域。建筑间天空的变化韵律使得这里摆脱了压抑的建筑背景而成为整个空间序列的亮点。那么在设计中，我们应当保留甚至强化这一空间特点，而不应该使用过多的构筑物让场地明亮开敞的特征丧失（图2.79）。

② 透明的封闭空间——使用者的参与

虽然场地目前的开敞度很高，但事实上这一区域却是一个透明的封闭区域，荒凉的场地与无处交流的人们之间形成强烈的对比（图2.80）。如何打破这一格局使得人们进入并使用这一场地是摆在我们面前的一个问题（图2.81—图2.84）。

图2.78 灰色的居住区域——压抑感集中区

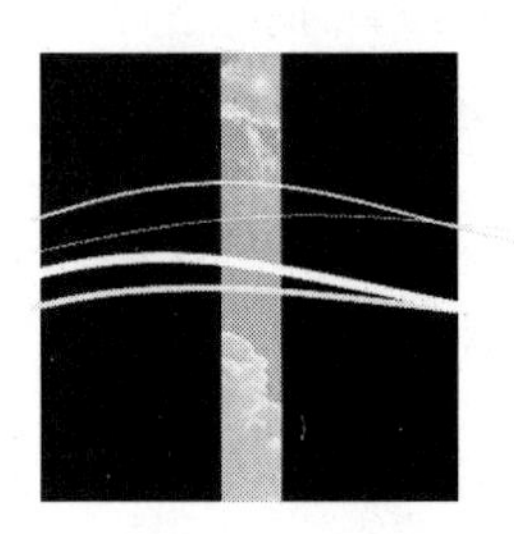

图2.79 天空的韵律（见书末彩插）

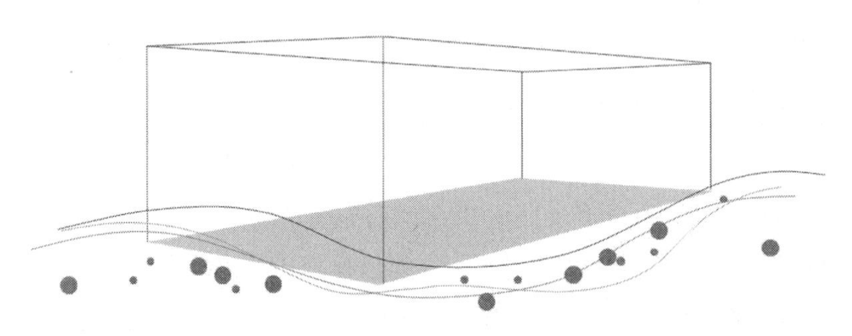

图2.80 透明的封闭空间

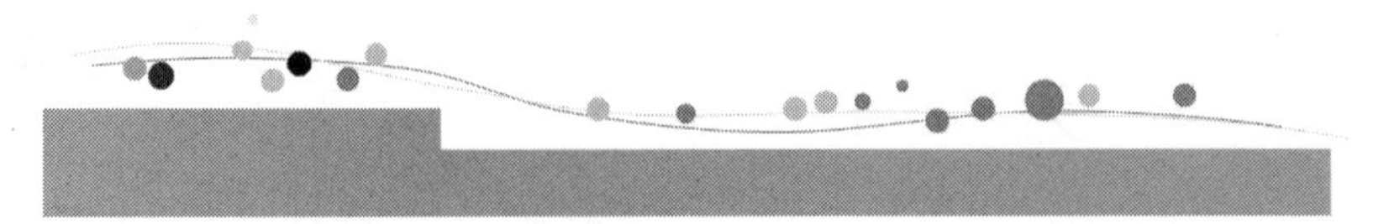

图2.81 设计的目的——不同人群的交流

③“一线天”——设计意向的介入

除了场地自身，其周围的建筑也与之前提出的设计母词——“一线天”产生了极强的呼应（图2.85）。接下来的工作应该使让场地与周边的环境特征发生，让设计本身与设计母体相结合。

现代景观设计研究的基点是土地，它既不是观赏植物的堆砌，也不是单纯的视觉唯美表现。

景观在空间演化和发展过程中构建着自己所必须实践和承载的连续的介入过程，不断尝试着景观评估体系的时代性。在共同生活的社会中，每一个人（已经或者将来）对我们生活中景观的不同解读，都将赋予景观无限的生命力和新的意义。景观的社会性是众多个体的时代性的民主诠释，是时代的需求决定了景观设计研究的方向，景观设计师呵护着土地，探索着人类的生存方式，研究着一切生命的和谐共存关系。

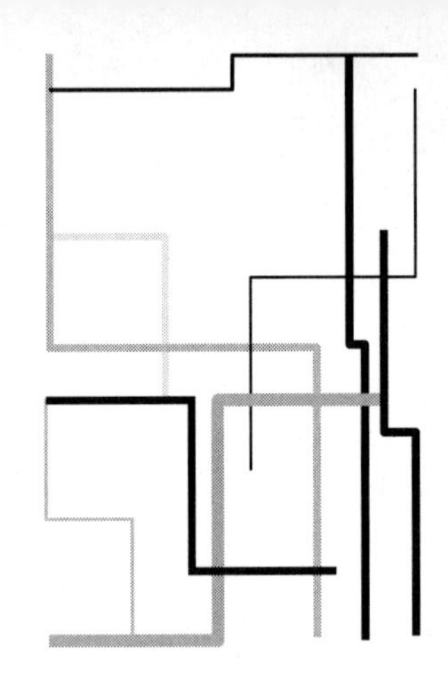

图2.82，图2.83，图2.84　设计的空间格局——不同使用者的多样感受

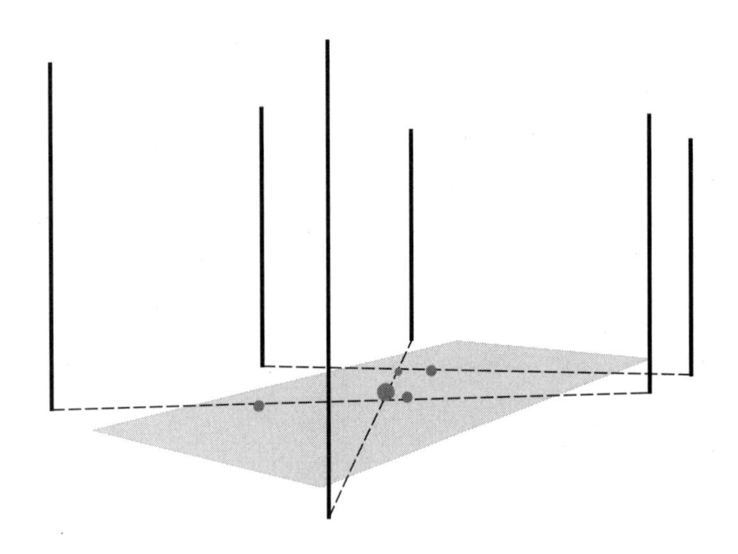

图2.85　设计的引导——对“一线天”的关注

名词解释

- 安德烈·勒·若特尔（Andre le NOTRE）是法国古典园林创造者。代表作品有福开复苑（Vaux le Vicomte），凡尔赛花园（Verailles）。

- 巴洛克风格（Baroque）：指自17世纪初直至18世纪上半叶流行于欧洲的主要艺术风格。巴洛克一词来源于葡萄牙语barroco，意思是一种不规则的珍珠。巴洛克风格抛弃了单纯、和谐、稳重的古典风范，追求一种繁复夸饰、富丽堂皇、气势宏大、富于动感的艺术境界。巴洛克风格的在绘画方面的最大代表是比利时（法兰德斯地区）画家鲁本斯，在建筑与雕刻方面的主要代表是意大利的贝尔尼尼。

- 地理物理学（Géophysique）：地理物理学是大地科学里的主要学科，它主要研究地球及其他行星的物理特征。

- 大地艺术（Land art）：20世纪60年代末出现于欧美的艺术思潮，由最少派艺术的简单、无细节形式发展而来。大地艺术家主张返回自然，以大地作为艺术创作的对象。他们或在广袤的沙漠上挖坑造型，或移山填海，或垒筑堤岸，活泼溅色遍染荒山。首次“大地作品艺术展”于1968年在美国纽约的杜旺画廊举行。由此宣告了一种新的现代艺术形态——大地艺术的出现。

- 法式园林（Jardin à la française）：法式园林或者古典园林是一种追求象征和审美的园艺风格，旨在通过对称造景来纠正自然的不完美。通过对植物的造型来表达秩序凌驾于混乱、思想超越自然。代表作为17世纪时，为路易十四建造的凡尔赛公园。这一风格在当时风靡欧洲皇家公园。

- 荷兰的“风格”文化运动：风格派（De stijl）是荷兰的现代艺术运动，由杜斯伯格（Doesburg）所领导。《De Stijl》最早是一本1917—1928年间出版的造型艺术和建筑杂志，创意主要来自杜斯伯格，还有荷兰风格派画家彼埃·蒙德里安。风格派艺术对20世纪建筑创作，特别是对包豪斯学校，产生了深远的影响，促使后者创立“国际风格”。

- 古典风格（classicisme）：17世纪至19世纪流行于欧洲的一种文化思潮和美术倾向。它开始于17世纪的法国，先后有3种不同的艺术倾向：一是对古希腊、罗马古典作品艺术风格的怀旧与模仿之风，以普桑为代表的崇尚永恒和自然理性的古典主义；二是法国大革命时期兴起的怀旧风格；三是以安格尔为代表的追求完美形式和典范风格的学院古典主义。文中主要指第一种倾向。古典风格绘画以精神为内涵，提倡典雅崇高的题材，庄重单纯的形式，强调理性而轻视情感，强调素描与严谨的外表、贬低色彩与笔触的表现，追求构图的均衡与完整，努力使作品产生一种古代的静穆而严峻的美。

- 高卢罗马语（Gallo romain）：罗马人统治下的高卢人的语言。高卢，古代西欧地区名。公元前6世纪时，高卢的主要居民为凯尔特人，罗马人称之为高卢人。公元前2世纪，罗马人侵入高卢。屋大维（Gaius Julius Caesar

Octavianus）统治时，把高卢分为4个行省。公元1世纪末到2世纪，高卢经济繁荣，农业、纺织业、冶金业均有发展。6世纪中叶，法兰克人统治整个高卢后改称法兰克，并建立法兰克王国，高卢之名遂废。

- 空气透视：也称大气透视，根据空气透视原理，弗拉芒画派将空间分割成3个连续景观画面：距离视线最近的第一画面用褐色或者赭色，稍远用绿色，最远的画面用蓝色。
- 鲁本斯派（Roubenistes）：17世纪，支持鲁本斯巴洛克绘画风格的欧洲流派。

- 立体派（Cubisme）：又译为立体主义，1908年始于法国。立体派是西方现代艺术史上的一个流派。代表人物是毕加索和布拉克。它主要追求一种几何形体的美，追求形式的排列组合所产生的美感。它否定了从一个视点观察事物和表现事物的传统方法，把三度空间的画面归结成平面的、两度空间的画面。明暗、光线、空气、氛围表现的趣味让位于由直线、曲线所构成的轮廓、块面堆积与交错的趣味和情调。

- 洛克式心理学：约翰·卢克（John LOCKE，1632—1704）是英国经验主义代表人物。为社会契约理论作出重要贡献，他是第一个以连续“意识”来定义自我概念的哲学家，并提出了“心灵”是一块“白板”的假设。

- 浪漫主义（Romantisme）：浪漫主义运动由欧洲自18世纪晚期至19世纪初期启蒙时代出现的许多艺术家、诗人、作家、音乐家以及政治家、哲学家等各种人物所组成。它反映了资产阶级上升时期对个性解放的要求，是政治上对封建领主和基督教会联合统治的反抗，也是文艺上对法国新古典主义的反抗。浪漫主义宗旨与“理性”相对立，主要特征注重个人感情的表达，形式较少拘束且自由奔放。浪漫主义手法则通过幻想或复古等手段超越现实。

- 明日花园城市（Garden Cities of Tomorrow）：作者为英国规划设计师——埃比尼泽·霍华德（Ebenezer Howard）（1850 à Londres—1928）。明日花园城市是霍德华设想的一种城市位于郊区的规划模式。这一模式，在当时德国、比利时、西班牙引起了很大反响。

- 普桑派（Poussiniste）：17世纪，支持普桑古典绘画风格的欧洲流派。

- 人文地理学（Géographie humaine）：研究地球上人类的活动，包括政治、经济、人口、社会学等。

- 社会地理学（Sociogéographie）：研究地球上不同物种群落的学科。

- 印象派（Impressionnisme）：印象派是19世纪后半期诞生于法国的绘画流派，其代表人物有莫奈、马奈、卡米耶·毕沙罗、雷诺阿、西斯莱、德加、莫里索、巴齐约以及保罗·塞尚等。他们继承了法国现实主义（Realism）前辈画家库尔贝“让艺术面向当代生活”的传统,使自己的创作进一步摆脱了对历史、神话、宗教等题材的依赖,摆脱了讲述故事的传统绘画程式约束，艺术家们走出画室，深入原野和乡村、街头，把对自然清新生动的感观放到了首位，认真观察沐浴在光线中的自然景色，寻求并把握色彩的冷暖变化和相互作用，以看似随意实则准确地抓住对象的迅捷手法，把变幻不居的光色效果记录在画布上，留下瞬间的永恒图像。

- 野兽派（Fauvism）：野兽派是1898—1908年在法国盛行一时的现代绘画潮流。野兽派画家热衷于运用鲜艳、浓重的色彩，往往用直接从颜料管中挤出的颜料，以直率、粗放的笔法，创造强烈的画面效果，充分显示出追求情感表达的表现主义倾向。

- 英式园林（Jardin à l’anglaise）：英式园林起源于18世纪的英国园艺造景。

建造的灵感来自于法国17世纪画家普桑（Nicolas Poussin），洛兰（Claude Lorrain）和北欧画家诗情画意的明媚风景画。此外，还深受英国诗人普贝（Pope）抒情的田园诗和中国园林的影响。

- 《雅典宪章》（Charte d'Athènes）：是国际建筑协会（C.I.M.）于1933年8月在雅典会议上制定的一份关于城市规划的纲领性文件——“城市规划大纲”。它反映了当时“新建筑”学派思想，特别是法国勒·柯比西埃（Le Corbusier）的观点。他提出，城市要与其周围影响地区成为一个整体来研究，及城市功能分区，集中反映了“现代建筑学派”功能主义思想。

景观大事记

- 1789年，基督教会制定《国家财产政策，纪念物与其基地和周围环境政策》。
- 1821年，意大利颁布《关于保护考古发掘物和基地现场维护》的法规。
- 1906年，法国颁布《自然纪念物及其基地的保护法》。
- 1913年，法国颁布《历史纪念物保护法》，将建筑物的边缘环境考虑在内。1930年，将自然纪念物基地的保护范围进一步扩大和明确，凡是具有艺术、历史、科学价值、传说的和符合“如画”景观的场地都列在保护范围内。
- 1913年和1930年，《历史纪念物的保护法》。
- 19世纪末和20世纪初，建筑和装饰艺术受“新艺术”（l’Art Nouveau）运动的影响。“新艺术”最早在1880年左右出现在法国和比利时，继而蔓延到大部分的欧洲国家，一直到1909年。
- 1934年，著名地理学家迪翁（Roger Dion）撰写《法国乡村景观的形成分析》。
- 1935年，阿瑟·乔治·坦斯利（Arthur George Tansley）创造了“生态系统”

一词。

- 20世纪中叶，“园林”被认为是一个陈腐的学院概念，而被柯布西耶时代的人所抛弃。20世纪50年代，所盛行的集体大型住宅概念中已经不再出现“花园”概念。柯布西耶赋予绿色空间一个功能性的价值。
- 20世纪中叶，“大地艺术”登上艺术舞台。
- 1968年，法国文化大革命。
- 1971年，法国出台《环境与自然保护细则》法规。
- 1975年，景观设计学科在法国凡尔赛国家园艺设计学院正式命名，凡尔赛国家园艺设计学院于1995年更名为凡尔赛国家高等景观学院。
- 1976年，华人学者段义孚提到“人性地理”，指出新的地理学方向。
- 1977年，雷蒙·什法连（Raymonde Chevallier）提出“景观考古”概念。
- 1982年，法国环境部（城市和景观方向）在里昂召集专家召开了题为“景观之死”（Mort du Paysage）研讨会。
- 20世纪80年代开始，法国景观建筑师吉尔·克莱芒（Gilles Clément）发展了“运动中的花园”、“第三种景观”（Tiers-paysage）和“星球花园”（Jardin planétaire）理论。
- 1906年1月26日，在法国《古迹保护法》中首次提到景观：保护古迹和古迹周边有艺术价值的自然景观。
- 20世纪70年代中期开始直到80年代末，法国景观设计由乡村渗入城市，研究焦点在城市入口的景观设计上。
- 20世纪80年代，法国景观界乃至艺术界都再次受到东方思想的影响，这种影响主要集中在中国传统艺术表现理念——“空”和“满”。
- 20世纪80年代，日本哲学家和什哲郎提出日语概念“风土性”（fûdosei）。
- 1989年开始，法国内阁每年组织一次法国景观设计奖。
- 1991年，法国国土规划局颁布《可持续发展规划法》。
- 1992年6月13日，颁布《垃圾处理法》。
- 1992年12月31日，颁布《反噪声法》，明确指出对噪声的限制是景观设计的范畴。

- 1993年1月3日，颁布《公共水资源保护法》。
- 1993年，法国颁布《景观法》，明确提出对景观的保护与开发条例，并指出景观设计是整体土地规划的重要组成部分。
- 1995年，法国出台针对景观和环境领域的《可持续性发展法规》。
- 1997年12月，关于减少排放二氧化碳的《京都议定书》。
- 1999年，出现了一个新词“ecovention”（ecology生态＋invention创新），特指一个由艺术家发起的项目，这是一个针对地方生态的崭新策略。
- 20世纪90年代，著名艺术和景观理论家卡特林·格鲁（Catherine GROUT）对近代空间艺术和肢体感知的研究推动了景观设计理论的发展。
- 20世纪90年代，法国科学院院长让马克·柏兹（Jean Marc BESSE）提出了景观设计的定义，即：景观设计是以土地为依托，构建着土地之上的和谐生活。
- 20世纪90年代，著名艺术和景观理论家卡特林·格鲁（Catherine GROUT）对近代空间艺术和肢体感知的研究推动了景观设计理论的发展。
- 2000年，在佛罗伦萨签订《欧洲景观公约》。
- 2000年后，法国城市规划理念有巨大变革，如：很多巴黎主干道，将4排机动车道改为2排机动车道，将2排自行车道改为4排自行车道，人行道加宽至20m。
- 2005年，法国著名景观设计师克雷蒙（Gilles Clément）提出“第三景观”的概念。
- 2005年后，“实践课”的开设是法国里尔国家高等建筑景观设计学院对景观教育的新尝试并获得成功。
- 2009年10月，由法国国家景观设计师联盟主办的“第四届欧洲景观研讨大会”的主题是“绿色城市”，但是该论坛探讨的不是20年前的“城市绿化”问题，而是现今城市生存环境的生态和文化质量问题。

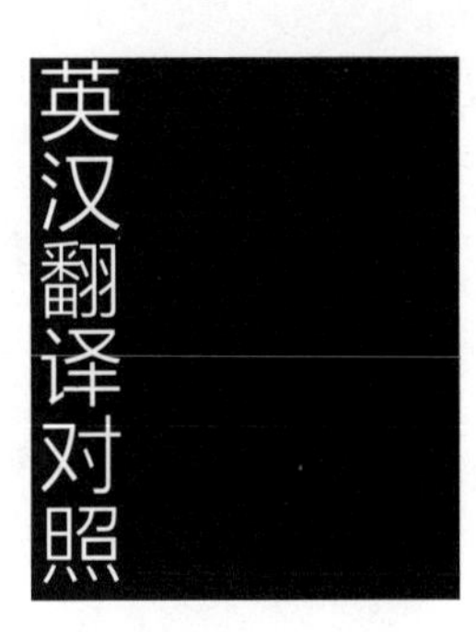

英汉翻译对照

（一）人名

Alain Roger　阿兰·罗歇

Alain Corbin　阿兰·考宾

Alain PROVOST　泊沃斯特

Augustin Berque　奥古斯汀·贝克

Ambrogio Lorenzetti　安伯基欧·洛伦采蒂

Alexander Von Humboldt　亚历山大·冯·洪堡

Alexander Gottlieb Baumgarten　鲍姆加登

Albrecht Dürer　阿尔布雷特·丢勒

Arcisse de Caumon　阿荷赛斯·德·考蒙

Aelbert Joacobsz Cuyp　克伊普

André Meynier　安德鲁·美涅

Andrew Jackson Downing　安德烈·道宁

Armand Frémont　阿曼·弗雷蒙

Adolphe Alphand　阿道夫·阿尔方

Achille Duchêne　阿奇·杜申

Albert Kahn　阿尔伯特·康

Arthur George Tansley　阿瑟·乔治·坦斯利

Allain provoste　阿兰·普孚斯特

Arne Næss　阿兰·奈斯

Alain Corbin　阿兰·科尔班

André Le Nôtre　安德烈·勒·若特尔

Alberti　阿尔伯蒂

Bernard Lassus　伯纳德·拉索斯

Charles Robert Ashbee　阿什比

Charles Elito　查尔斯·艾略特

Claude Gellée　洛兰

Claude Monnet　莫奈

Cézar-Pierre Richelet　理查莱

Charles de Villers　查尔斯·德·维列

Calvert Vaux 卡尔沃特·沃克斯

Charles Baudelaire 波德莱尔

Carl Ritter 卡尔·李特尔

Christine DALNOKY 达勒恼克

Catherine GROUT 格鲁

Diderot 狄德罗

Denis DELBAR 德尼·戴巴

Edouard André 爱德华·安德烈

Ebenezer Howard 埃比尼泽·霍华德

Ezéchiel 以西结

Eric DARDEL 埃里克·达代尔

Edward L. Ullman 爱德华 L. 乌尔姆

Ernst Haeckel 恩斯特·海克尔

Frederick Law Olmsted 富兰克林·奥姆斯特德

Friedrich Ratzel 拉采尔

Filippo Brunelleschi 菲利波·布鲁内莱斯基

François CHEN 程抱一

François-Xavier Mousquect 牟斯盖

Gilles Clément 吉尔·克莱芒

Gilles Deleuze 吉尔·德勒兹

Gustave Courbet 库尔贝

Gaston Roupnel 卡斯通·胡内勒

Georges Bertrand 乔治·贝纳德

Hercules Pieterszoon Seghers 塞赫尔斯

Humphry Repton 亨弗列·雷普顿

Horace W·S·Cleveland 霍拉斯·W·S·克里弗兰

Haussmann 奥斯曼

Hermann Muthesius 赫尔曼·穆特修

Herman de Vries 爱尔曼德悟理

Hérodote 希罗多德

Henri Duchêne 亨利·杜申

Joachim Paternir 绕阿希姆·巴特尼

Jacques Sgard 杰克·斯伽

Jacques Simon 杰克·西蒙

Joseph Hoffmann 约瑟夫·霍夫曼

John-Claudius London 约翰·克劳迪斯·路登

Jean Tricart 让·特里卡尔

Jean Marc BESSE 马克·柏兹

John. Brinckerhoff. Jackson 约翰·布林克霍夫·杰克逊

Joël Bonnemaison 饶艾勒·彭纳美松

Jean-Claude Nicolas Forestier 让－克洛德·尼古拉·福雷斯蒂尔

Jean-Paul VIGUIER 维格尔

Jean-François JODRY 绕德里

Jacob Isaaksz. Van Ruisdael 雅各布·凡·雷斯达尔

Joseph Beuys 约瑟夫·博伊斯

Jean Jacques Rousseau 卢梭

Jan Van Goyen 戈延

Jean Pierre Le Dantec 让－皮埃尔·勒·当戴克

Joachim Patinir 约阿希姆·帕廷尼尔

John K. Wright 约翰·莱特

Koloman Moser 科罗曼·穆塞尔

Kevin Lynch 凯文·林奇

Kenneth Ewart Boulding 肯尼思·艾瓦特·博尔丁

Lancelot Browe 朗塞洛特·布朗

Lucien Corpechot 路西·科贝什

Le Corbusier 勒·柯布西耶

Louis-Adolphe Bertillon 路易·阿道尔夫·白地雍

Michel Baridon 米歇尔·巴赫洞

Meindert Hobbema 霍贝玛

Michel Corajourd 米歇尔·考拉如

Marc Bloch 马克·布罗奇

Micheal Jacob 迈克·雅克布

Michel DESVIGNES 戴斯维聂

Napoléon III 拿破仑三世

Nicolas Poussin 普桑

Oscar Bloch 布劳什

Otto Schlüter 奥特·施吕特尔

Perigord Michel 贝利高·米歇尔

Ptolémée 托勒密

Piet Mondrian 彼埃·蒙德里安

Paul Vidal de La Blache 维达尔·白兰士

Patrick BERGER 克贝热

Robert Estienne 罗伯特·艾斯蒂安

René-Louis de Girardin 吉拉丹

Roger Dion 迪翁

Raymonde Chevallier 雷蒙·什法连

Roger Agache 罗杰·阿伽什

Strabon 斯特拉波

Serge Rouvier 胡维艾赫

Sylvain Flipo 弗利波

Theo van Doesburg 格派·凡·杜斯堡

Tadeusz Kantor 康道尔

Vincent van Gogh 凡·高

William Kirk 威廉·科克

William Morris 莫里斯

Walther von Warburg 瓦布

William Kent 威廉·肯特

William Champs 威廉·钱伯斯

Yi-fu Tuan 段义孚

Yosemite 约斯迈特

Yayoi Kusama 库匝玛

（二）地名

Amien 亚眠

Bologne-Billancourt 布洛涅－比杨库尔

Buttes-Chaumont 巴茨·肖蒙公园

Champs-de-Mars 战神广场公园

Carvin 卡湾市

Duisburg 杜伊斯堡

Ermenouville 阿蒙农维拉

Giverny 纪梵尼

Hubais 湖贝

le Désert de Rets 黑兹

la Folie Saint-James 圣－杰姆

LanguedocRoussillon 郎格多克省—鲁西荣

Monceau 蒙苏

Minneapolis 明尼阿波利斯

Montsouris 蒙苏喜

Moutiers 穆天公园

Parc Saint-John-Perse 圣荣拜尔斯公园

parc de mozaic 镶嵌公园

Pas de Calais 巴德伽莱

Picardie 皮卡底

Reims 汉斯市

Sommieres 邵米尔市

St. Paul 圣保罗

Tourcoing 土尔旷市

Trappes 特拉普

Vanuatu 瓦努阿图

Varengeville 瓦朗吉维尔

Vaux-le-Vicomte 福开复苑

Vincennes 凡森

Vidourle 维度赫勒

（三）其他

Arts and Craftes Exhbition Society 艺术与手工艺展览协会

Anthropogéographie 人类地理学

deep ecology 深层生态学

Deutscher Werkbund 德意志制造联盟

Essai sur la formation du paysage rural français 《法国乡村景观的形成分析》

Greenways 绿道

Grands villes et systèmes de parcs 《大城市和公园系统》

Géographie humaine 人文地理学

Land Art 大地艺术

Les Caractères originaux de l'histoire ruruale française 《法国乡村历史上的地区特征》

La Convention européenne du paysage 欧洲景观公约

Histoire de la compagne française 《法国乡村的历史》

Naissance et renaissance du paysage 《景观的产生和复兴》

la Société des antiquaires de Normandie 诺曼底考古学家协会

l'Art Nouveau 新艺术

La Charte d'Athènes 《雅典宪章》

l'Art Déco 装饰艺术

L'art des jardins 《园林艺术》

Les jardins de l'avenir 《未来园林》

les trente glorieuses 黄金三十年

le jardin à la française 法式园林

les tiers paysages 第三种景观

le jardin en mouvement 动态花园

Méditations philosophiques 《哲学沉思》

Morphologie générale des organismes 《有机体普遍形态学》

Organisation for economic co-operation and developlment 世界经济合作和发展组织

Possibilisme 可能性理论

relativism 相对主义

Tableau de la géographie de la France 《法国地理图集》

Wiener Werstätte 维也纳工坊

主要参考文献

- BESSE J-M., Le goût du monde: excercices de paysage, ACTES SUD/ENSP, 2009.
- BERQUET A., Conan M., Donadieu P., Lassus B., Roger A., Cinq proposition pour une théorie du paysage, Seyssel, Champ-Vallon, 1994.
- BERQUET A., Les raison du paysage, Paris, Hazan, 1995.
- BERQUE Augustin, Conan Michel, DONADIEU Pierre,ROGER Alain, Mouvance:cinquante mots pour le paysage, Eds. de La Villettes, Paris, 1999.
- BERQUE Augustin, Médiance- De milieux en paysages, Ed. Belin, France, 2000.
- BERQUE Augustin, Ecoumène- Introduction à l'étude des milieux humains, Ed. Belin, France, 2000.
- BERTRAND Georges, L'archéologie du paysage dans la perspective de l'écologie historique, in Actes du Colloque《Archéologie du paysage》(Paris, Ecole normale supérieure, mai 1977), numéro spécial de Caesarodunum, No 13, 1978.
- BRUNON H; BESSE J-M; CLÉMENT G; BISGROVE R, Les Carnet du Paysage, N ° 17, ACTES SUD/ENSP, 2008.
- BOULDING Kenneth Ewart, The image : Knowledge in Life and Society , Ed. The University

of Michigan Press, USA, 1956.

- CHEVALLIER Raymond, Le paysage palimpseste de l' histoire, Mélanges de la Casa de Vélasquez, XII, 1976.
- CLEMENT Gilles, Le Jardin en mouvement-De la Vallée au jardin planétaire, Ed. Sens Et Tonka Eds, France, 2006.
- CLEMENT Gilles, Claude Eveno, Le jardin planétaire, Ed. Albin Michel, France, 1999.
- CLEMENT Gilles, Contribution à l' étude du jardin planétaire, Valence, Ecole régionale des beaux-arts, 1995.
- CLÉMENT G., Une écologique humaniste, Aubanel, Genève, 2006.
- COOPER David , Fifty Key Thinkers on the Environment, Ed. Routledge, USA, 2000.
- CORAJOUD M., Corajoud, Hartmann, École nationale supérieure du paysage, 2000.
- CORBIN A., L' homme dans le paysage, 2001.
- DARDEL Eric, L' homme et la terre, Ed. Comite Des Travaux Historiques Et scientifiques, France, 1995.
- DAGOGNET François, Mort du paysage-Philosophie et Esthétique du paysage, Ed. Champ Vallon, France, 1989.
- DUCHÊNE Achille, Les Jardins de l' avenir. Hier, aujourd' hui, demain, Ed. Vincent Fréal, Paris, 1935.
- DUBOIS J., MITTERAND H., DAUZAT A., Dictionnaire Etymologique, Ed. Larousse, France, 2009.
- DUPRAT H., Reconnaître, Seuil, Paris, 2002.
- DONADIEU Pierre & PERIGORD Michel, Le paysage, Ed. Armand Colin, France, 2007.
- DORAN P. Michael, Conversation avec Cézanne, Michael, Ed. Collection Macula, Paris, 1978.
- EDOUARD André, L' Art des jardins, G. Masson, Paris, 1879.
- HEINRICH Dieter, Atlas de l' écologie, Poche, Varese, 1993.
- LE DANTEC Jean-Pierre, Le sauvage et le régulier:art des jardins et paysagism en France au Xxème siècle, Ed. Le Moniteur, Paris, 2002.

- LE DANTEC Jean-Pierre, Jardins et Paysages: une anthologie, Eds. de La Villettes, Paris, 1996.
- LYNCH Kevin, The images of the city, Ed. MIT Press, USA, 1960.
- Marc Bloch , Les Caractères originaux de l'histoire ruruale française, Ed. Armand Colin, France, 1952.
- Michel BARIDON, Naissance et renaissance du paysage, Ed. Actes Sud, France, 2006.
- Michel BARIDON, Les Jardins: paysagistes-jardiniers-poètes, Ed. Robert Laffont, France, 1998.
- NUSSAUME Y. & LAFFAGE Arnauld,《走向建筑学景观教育》, Editions de La Villette出版社，巴黎，2009.
- PÉRIGORD M., Le paysage en France, Presses universitaires de France, Vendôme, 1996.
- ROGER Alain, Court traité du paysage, Ed. Gallimard, France, 1997.
- Roupnel Gaston, Histoire de la compagne française, Ed. Plon, France, 1978.
- ROUSSEAU Jean-Jacques, Emile ou de l'éducation, Ed. Garnier-Flammrion, Paris, 1966.
- Roger Dion, Essai sur la formation du paysage rural français, Ed. Arrault, France, 1934.
- SGARD J., Jacques Sgard, Mardaga, Liège, 1995.
- STILES K., Out of Action, THAME & HUDSON, new york, 1998.
- TRICART Jean, L'analyse de système et l'étude intégrée du milieu naturel, in Annales de Géographie, nov.-déc. 1979 .
- TIBERGHIEN Gilles A., Nature, art, paysage , Actes sud, mai 2001.
- GROUT Catherine（格鲁）,《重返风景》，台湾远流出版社，台北，2008.
- GROUT Catherine（格鲁）,《艺术介入空间》，广西师范大学出版社，桂林，2005.
- 翁剑青,《公共艺术的观念与取向》，北京大学出版社，北京，2002.
- 周启星等,《生态修复》，中国环境科学出版社，北京，2006.
- 俞孔坚,《生存的艺术》，中国建筑工业出版社，北京，2006.
- 詹姆士·科纳著，吴琨等译,《论当代景观建筑学的复兴》，中国建筑工业出版社，北京，2008.

图2.1　法国乡村景观示意图
（安建国绘制）

图2.2　法国乡村的田野（摄影：安建国）

图2.14　拦截洪水冲击物的柱阵（摄影：安建国）

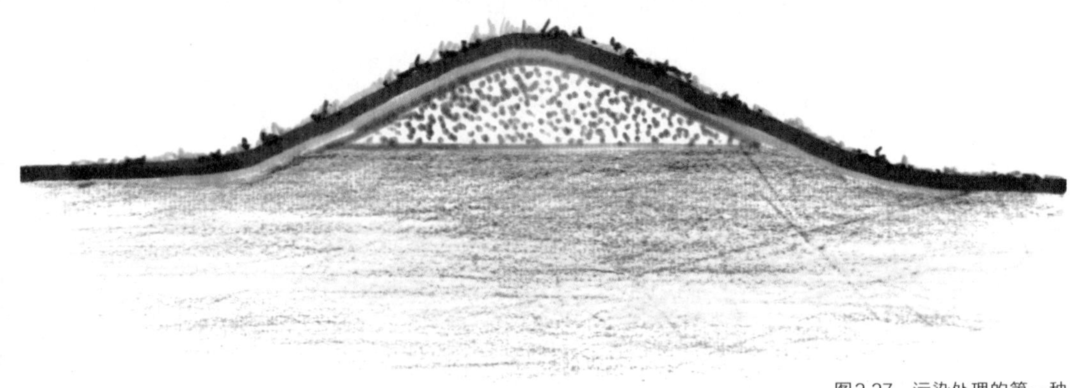

图2.27　污染处理的第一种手段（安建国绘制）

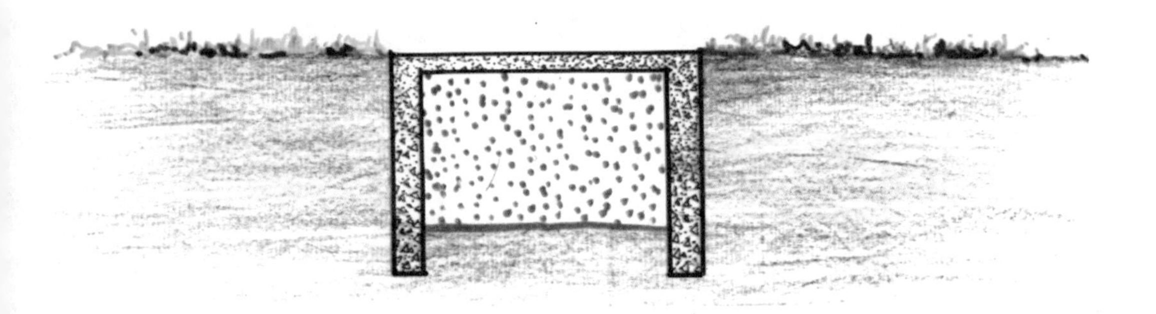

图2.28　污染处理的第二种手段（安建国绘制）

图2.30　郁金香（摄影：安建国）

图2.31　叶子里的情人（摄影：安建国）

图2.32　叶子中心的小孔洞
（摄影：安建国）

图2.36 森林中不被人知的角落（摄影：安建国）

图2.50　法国巴黎皇家广场
（摄影：李迪华）

图2.52　法国湖贝博物馆出
入口广场（摄影：安建国）

图2.53　广场灯柱（摄影：安建国）

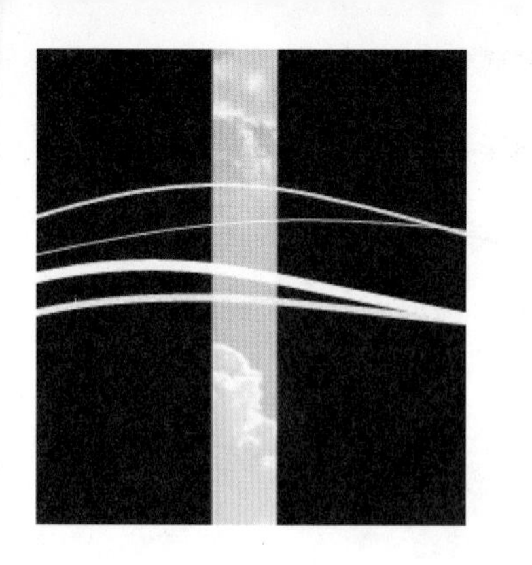

图2.79　天空的韵律

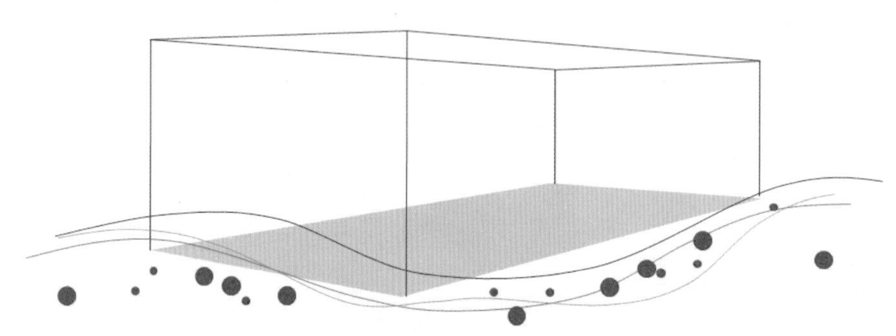

图2.80　透明的封闭空间

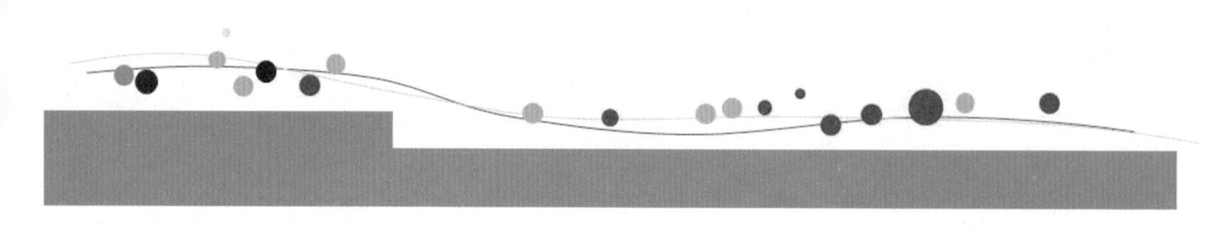

图2.81　设计的目的
——不同人群的交流

图书在版编目（CIP）数据

法国景观设计思想与教育："景观设计表达"课程实践 / 安建国，方晓灵著. -- 北京：高等教育出版社，2012.8

（景观设计学教育参考丛书 / 俞孔坚主编）

ISBN 978-7-04-036027-1

Ⅰ. ①法… Ⅱ. ①安… ②方… Ⅲ. ①景观－环境设计－法国 Ⅳ. ① TU-856

中国版本图书馆 CIP 数据核字 (2012) 第 183323 号

出版发行　高等教育出版社
社　　址　北京市西城区德外大街4号
邮政编码　100120
印　　刷　北京鑫丰华彩印有限公司
开　　本　787 mm × 1092 mm　1/16
印　　张　12.5
插　　页　7
字　　数　230 千字
购书热线　010-58581118
咨询电话　400-810-0598
网　　址　http://www.hep.edu.cn
　　　　　http://www.hep.com.cn
网上订购　http://www.landraco.com
　　　　　http://www.landraco.com.cn
版　　次　2012年8月第1版
印　　次　2012年8月第1次印刷
定　　价　39.00元

项目策划　李冰祥
策划编辑　柳丽丽
责任编辑　柳丽丽
书籍设计　王凌波
责任校对　窦丽娜
责任印制　韩　刚

物 料 号　36027-00